中等职业技术学校教学用书

焊接技术

主　编　李　伟　陈　军
副主编　李武光　李　智
主　审　龙昌茂

北京
冶金工业出版社
2020

内 容 提 要

本书共分8章，主要内容包括绪论、焊条电弧焊、二氧化碳气体保护焊、手工钨极氩弧焊、气焊与气割、其他焊接与切割方法、焊接与切割劳动卫生与防护、焊接应力与变形、焊接缺陷及检验。

本书可作为中等职业技术院校机械制造专业教材或企业培训教材，也可供从事相关专业的技术人员和操作人员参考。

图书在版编目(CIP)数据

焊接技术/李伟，陈军主编. —北京：冶金工业出版社，2020.1
中等职业技术学校教学用书
ISBN 978-7-5024-8398-2

Ⅰ.①焊…　Ⅱ.①李…　②陈…　Ⅲ.①焊接—中等专业学校—教材
Ⅳ.①TG4

中国版本图书馆CIP数据核字（2020）第024927号

出 版 人　陈玉千
地　　址　北京市东城区嵩祝院北巷39号　邮编　100009　电话　(010)64027926
网　　址　www.cnmip.com.cn　电子信箱　yjcbs@cnmip.com.cn
责任编辑　俞跃春　刘林烨　美术编辑　郑小利　版式设计　禹　蕊
责任校对　郭惠兰　责任印制　李玉山
ISBN 978-7-5024-8398-2
冶金工业出版社出版发行；各地新华书店经销；三河市双峰印刷装订有限公司印刷
2020年1月第1版，2020年1月第1次印刷
787mm×1092mm　1/16；8.75印张；208千字；130页
30.00元

冶金工业出版社　投稿电话　(010)64027932　投稿信箱　tougao@cnmip.com.cn
冶金工业出版社营销中心　电话　(010)64044283　传真　(010)64027893
冶金工业出版社天猫旗舰店　yjgycbs.tmall.com

前 言

本书为中等职业技术学校机械制造专业教学用书。教材的编写坚持以学生就业为导向，以企业用人标准为依据，突出职业能力培养。在专业知识的安排上，紧密联系培养目标的特征，坚持够用、实用的原则。并在考虑各地办学条件的前提下，力求反映机械行业发展的现状和趋势，尽可能多地引入新技术、新工艺、新方法、新材料，使教材富有时代感，有利于提高学生可持续发展能力和职业适应能力，且内容简明扼要，条理清晰，层次分明，图文并茂，通俗易懂。同时，教材内容与国家职业标准，职业技能鉴定及职业岗位有机衔接，实现了理论与实践相结合，以满足“教、学、做合一”的教学需要。

本书由广西藤县中等专业学校李伟、陈军担任主编，李武光、李智担任副主编。参加编写的还有刘恒聪、李锦霞、杨焕、潘文华、陈进恩、张传廉。本书编写得到了广西机电职业技术学院邓火生和肖勇的指导，本书由广西焊接学会理事长、广西机电职业技术学院副教授龙昌茂担任主审。中国焊接协会教育与培训委员会副理事长戴健树对本书内容及体系提出了很多宝贵的建议。在此对他们表示衷心的感谢。

本书在编写过程中，参阅了相关教材和资料，借鉴了国内多所高、中职院校近年来的教学改革经验，得到了许多教授、专家的支持和帮助，在此一并致谢。

由于编者水平所限，书中不妥之处，恳请广大读者批评指正。

编　者

2019 年 12 月 25 日

前言

目　录

0 绪　　论

0.1 焊接的定义及分类

0.1.1 焊接的定义

在工业生产中，经常需要将两个或两个以上的零件按一定形式和位置连接起来。根据这些连接的特点，可以将其分为两大类；一类是可拆卸连接，即不必毁坏零件就可以进行拆卸，如螺栓连接、键连接等，如图 0-1 所示；另一类是永久性连接，其拆卸只有在毁坏零件后才能实现，如铆接、焊接等，如图 0-2 所示。

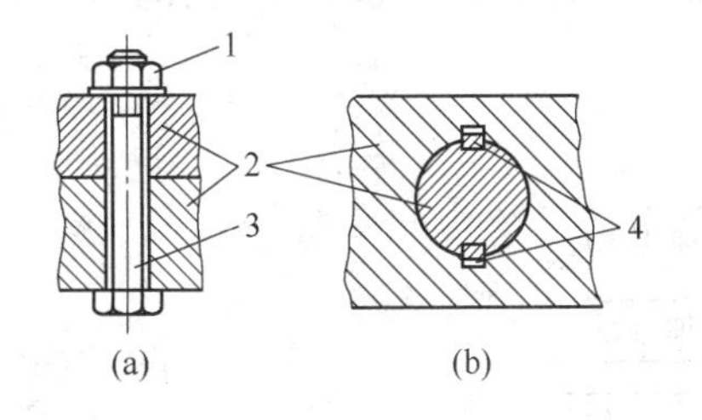

图 0-1　可拆卸连接
（a）螺栓连接；（b）键连接
1—螺母；2—零件；3—螺栓；4—键

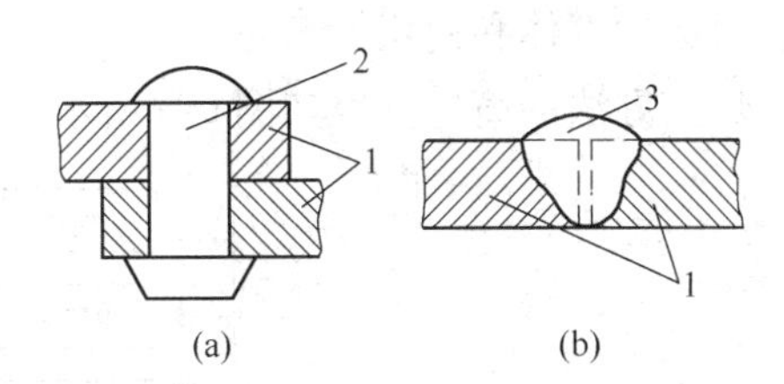

图 0-2　永久性连接
（a）铆接；（b）焊接
1—零件；2—铆钉；3—焊缝

焊接就是通过加热或加压，或两者并用，用或不用填充材料，使焊件达到结合的一种加工工艺方法。

焊接不仅可以连接金属材料，而且可以实现某些非金属材料的永久性连接，如玻璃焊接、陶瓷焊接、塑料焊接等。在工业生产中焊接主要用于金属材料的连接。

0.1.2 焊接的分类

按照焊接过程中金属所处状态的不同，可以把焊接方法分为熔焊、压焊和钎焊三类。

（1）熔焊。熔焊是在焊接过程中，将焊件接头加热至熔化状态，不加压力完成焊接的方法。当被焊金属加热至熔化状态形成液态熔池时，原子之间可以充分地扩散和紧密接触，因此冷却凝固后，可形成牢固的焊接接头。

熔焊按所使用热源的不同可分为电弧焊（以气体导电时产生的电弧热为热源，以电极是否熔化为特征分为熔化极电弧焊和非熔化极电弧焊两大类）、气焊（以乙炔或其他可燃气体在氧中燃烧的火焰为热源）、铝热焊（以铝热剂的放热反应产生的热为热源）、电渣焊（以熔渣导电时产生的电阻热为热源）、电子束焊（以高速运动的电子流撞击焊件表面所产生的热为热源）、激光焊（以激光束照射到焊件表面而产生的热为热源）等若干种。

（2）压焊。压焊是在焊接过程中，必须对焊件施加压力（加热或不加热），以完成焊接的方法。这类焊接有两种形式：一是将被焊金属接触部分加热至塑性状态或局部熔化状态，然后施加一定的压力，使金属原子间相互结合而形成牢固的焊接接头，如锻焊、电阻焊、摩擦焊和气压焊等；二是不进行加热，仅在被焊金属的接触面上施加足够大的压力，借助于压力所引起的塑性变形使原子间相互接近直至获得牢固的压挤接头。

按所施加焊接能量的不同，压焊的基本方法可分为电阻焊（包括点焊、缝焊、凸焊、对焊）、摩擦焊、超声波焊、扩散焊、冷压焊、爆炸焊和锻焊等。

（3）钎焊。钎焊是采用比母材熔点低的金属材料作钎料，将焊件和钎料加热到高于钎料熔点、低于母材熔点的温度，利用液态钎料润湿母材，填充接头间隙，并与母材相互扩散实现连接焊件的方法。

钎焊按热源的不同可分为火焰钎焊（以乙炔在氧中燃烧的火焰为热源）、感应钎焊（以高频感应电流流过焊件产生的电阻热为热源）、电阻钎焊（以电阻辐射热为热源）、盐浴钎焊（以高温盐熔液为热源）和电子束钎焊等。也可按钎料的熔点不同分为硬焊（熔点 450℃以上）和软钎焊（熔点在 450℃以下）两类。钎焊时通常要进行保护，如抽真空、通保护气体和使用钎剂等。

焊接方法的简单分类如图 0-3 所示。

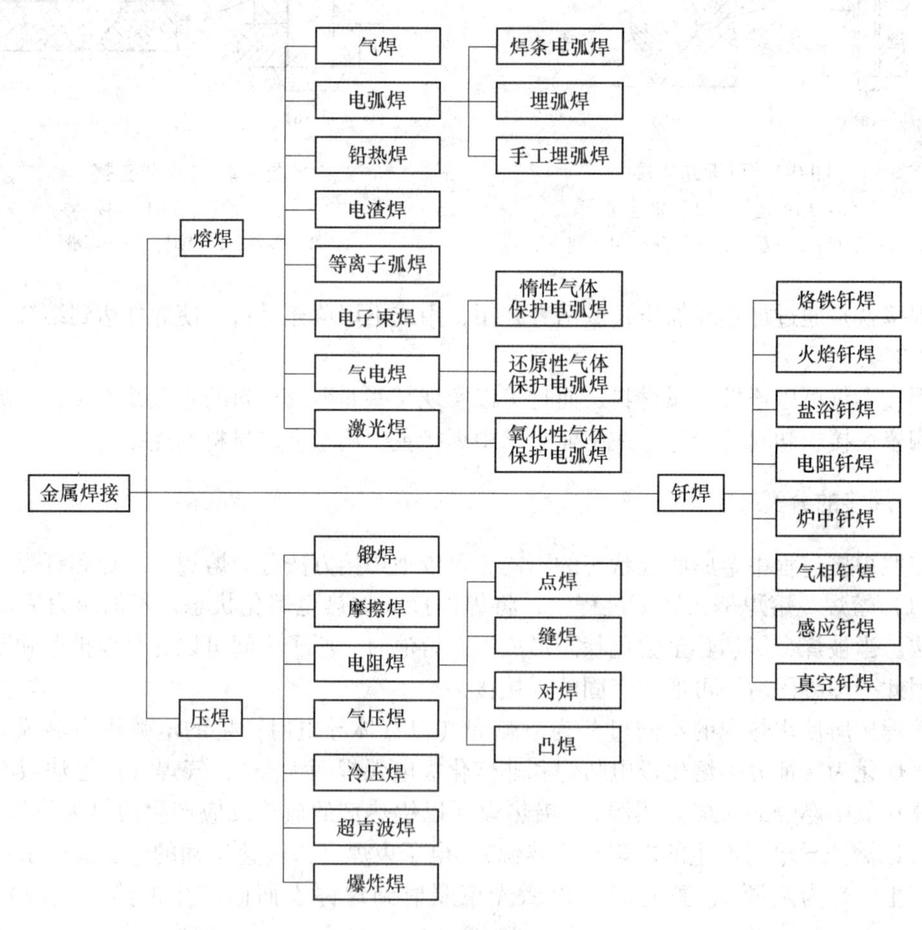

图 0-3 焊接方法的分类

0.2　焊接技术的特点

焊接是目前应用极为广泛的一种永久性连接方法。在许多工业部门的金属结构制造中焊接几乎全部取代了铆接；不少过去一直用整铸、整锻方法生产的大型毛坯也改成了焊接结构，大大简化了生产工艺，降低了成本。目前，世界各国年平均生产的焊接结构用钢已占钢产量的4%左右。焊接之所以能如此迅速地发展，是因为它本身具有一系列优点：

（1）焊接与铆接相比，首先可以节省大量金属材料，减小结构的质量。例如，起重机采用焊接结构，其质量可以减小15%～20%，建筑钢结构可以减小10%～20%。其原因在于焊接结构不必钻铆钉孔，材料截面能得到充分利用，也不需要辅助材料，如图0-4所示。其次焊接结构生产不需要钻孔，划线的工作量较少，简化了加工与装配工序，因此劳动生产率高。另外，焊接设备一般也比铆接生产所需的大型设备（如多头钻床等）的投资低。焊接结构还具有比铆接结构更好的密封性，这是压力容器特别是高温、高压容器不可缺少的性能。焊接生产与铆接生产相比还具有劳动强度低、劳动条件好等优点。

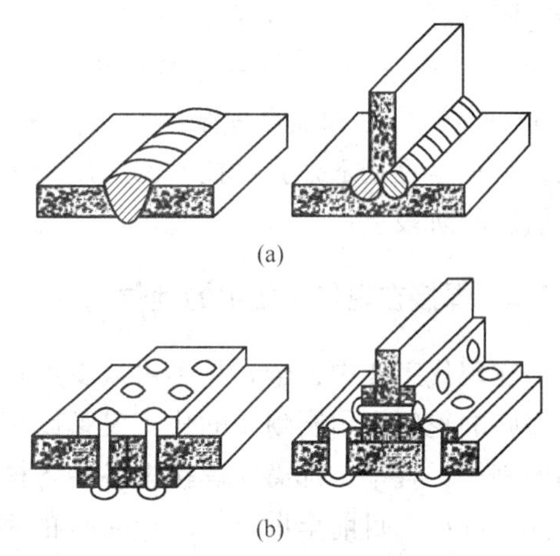

图0-4　焊接与铆接比较
（a）焊接结构；（b）铆接结构

（2）焊接与铸造相比，首先，它不需要制作木模和砂型，也不需要专门熔炼、浇铸，工序简单、生产周期短，对于单件和小批生产特别明显。其次，焊接结构比铸件能节省材料。通常其质量比铸钢件少20%～30%，比铸铁件少50%～60%。这是因为焊接结构的截面可以按需要来选取，不必像铸件那样因受工艺条件的限制而加大尺寸，且不需要采用过多的肋板和过大的圆角。最后，采用轧制材料的焊接结构材质一般比铸件好。即使不用轧制材料，用小铸件拼焊成大件，小铸件的质量也比大铸件容易保证。

（3）焊接具有一些其他工艺方法难以达到的优点，如可以根据受力情况和工作环境在不同的结构部位选用不同强度和不同耐磨、耐腐蚀、耐高温等性能的材料。

焊接也有一些缺点：产生焊接应力与变形，而焊接应力会削弱结构的承载能力，焊接变形会影响结构形状和尺寸精度。焊缝中还会存在一定数量的缺陷，焊接中还会产生有毒有害的物质等。这些都是焊接过程中需要注意的问题。

0.3　焊接技术发展及在现代工业中的地位

0.3.1　焊接技术发展状况

焊接是一种古老而又年轻的加工方法，远在我国古代就有使用锻焊和钎焊的实例。据记载，春秋战国时期，我们的祖先已经懂得以黄泥作助熔剂，用加热锻打的方法把两块金属连接在一起。到公元7世纪唐代时，已应用锡钎焊和银钎焊来进行焊接了，这比欧洲国家要早10个世纪。目前工业生产中广泛应用的焊接方法是19世纪末和20世纪初现代科学技术发展的产物。特别是冶金学、金属学以及电工学的发展，奠定了焊接工艺及设备的理论基础；而冶金工业、电力工业和电子工业的进步，则为焊接技术的长远发展提供了有利的物质和技术条件。

近代焊接技术，是从1885年开始出现，当时发现了气体放电的电弧，1930年发明了涂药焊条电弧焊方法，并在此基础上发明了埋弧焊、钨极氩弧焊、熔化极氩弧焊以及二氧化碳气体保护焊等自动或半自动的焊接方法。电阻焊则是1886年发明的，此后逐渐完善为电阻点焊、缝焊和对焊方法，它几乎与电弧焊同时推向工业应用，逐步取代铆接，成为工业中广泛应用的两种主要焊接方法。到目前为止，又相继发明了电子束焊、激光焊等20余种基本方法和成百种派生方法，并且仍处于继续发展之中。随着科学技术的不断发展，特别是近年来计算机技术的应用与推广，使焊接技术特别是焊接自动化技术达到了一个崭新的阶段。

0.3.2　焊接在现代工业中的地位

在现代工业中，金属是不可缺少的重要材料。高速行驶的汽车、火车，载重万吨至几十万吨的轮船、耐腐耐压的化工设备以至宇宙飞行器等都离不开金属材料。在这些工业产品的制造过程中，都需要焊接把各种各样加工好的零件按设计要求连接起来制成产品。据不完全统计，目前全世界年产量45%的钢和大量有色金属都是通过焊接加工形成产品的。特别是焊接技术发展到今天，几乎所有部门（如机械制造、石油化工、交通能源、冶金、电子、航空航天等）都离不开焊接技术。因此可以这样说，焊接技术的发展水平是衡量一个国家科学技术先进程度的重要标志之一，没有现代焊接技术的发展，就不会有现代工业和科学技术的今天。

我国现代焊接技术的发展迅速，在工业生产中发挥出了十分重要的作用，现已广泛应用于船舶、车辆、航空、锅炉、电机、冶炼设备、石油化工机械、矿山机械、起重机械、建筑及国防等各个工业部门，并成功地完成了许多重大产品的焊接，如12000水压机、直径15.7m的大型球形容器、万吨级远洋考察船“远望号”、世界第一的三峡水轮机转轮（直径10.7m、高5.4m、总质量40t、耗用焊丝12t，见图0-5）以及核反应堆、人造卫星、神舟系列太空飞船（图0-6）等尖端产品。各种新工艺，如多丝埋弧焊、窄间隙气体保护全位置焊、水下二氧化碳半自动焊、全位置脉冲等离子弧焊、异种金属的摩擦焊和数控切割设备及焊接机器人等，都已在许多领域得到广泛应用。

复习思考题

（1）焊接的定义？

（2）焊接方法的分类？

1 焊条电弧焊

1.1 焊条电弧焊简介

焊条电弧焊是用手工操纵焊条进行焊接的电弧焊方法。焊条电弧焊时，在焊条末端和工件之间燃烧的电弧产生的高温使焊条药皮与焊芯及工件熔化，熔化的焊芯端部迅速形成细小的金属熔滴，通过弧柱过渡到局部熔化的工件表面，融合一起形成熔池。药皮熔化过程中产生的气体和熔渣不仅使熔池和电弧周围的空气隔绝，而且和熔化了的焊芯、母材发生一系列冶金反应，保证了形成焊缝的性能。随着电弧以适当的弧长和速度在工件上不断地前移，熔池液态金属逐步冷却结晶，形成焊缝。

焊条电弧焊通常用英文简称 SMAW (shielded metal arc welding) 表示。焊条电弧焊的过程如图 1-1 所示。

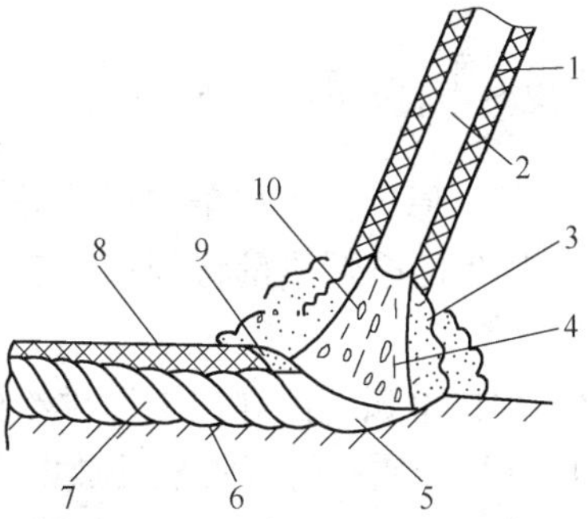

图 1-1 焊条电弧焊的过程

1—药皮；2—焊芯；3—保护气；4—电弧；5—熔池；6—母材；7—焊缝；8—渣壳；9—熔渣；10—熔滴

焊条电弧焊具有以下优点：

(1) 使用的设备比较简单，价格相对便宜并且轻便。焊条电弧焊使用的交流和直流焊机都比较简单，焊接操作时不需要复杂的辅助设备，只需配备简单的辅助工具。因此，购置设备的投资少，而且维护方便，这是它广泛应用的原因之一。

(2) 不需要辅助气体防护。焊条不但能提供填充金属，而且在焊接过程中能够产生保护熔池和焊接处，避免氧化的保护气体，并且具有较强的抗风能力。

(3) 操作灵活，适应性强。焊条电弧焊适用于焊接单件或小批量的产品，短的和不规则的、空间任意位置的以及其他不易实现机械化焊接的焊缝，凡焊条能够达到的地方都能进行焊接。

(4) 应用范围广，适用于大多数工业用的金属和合金的焊接。焊条电弧焊选用合适的焊条不仅可以焊接碳素钢、低合金钢，而且还可以焊接高合金钢及有色金属，不仅可以焊接同种金属，而且可以焊接异种金属，还可以进行铸铁焊补和各种金属材料的堆焊等。

但是，焊条电弧焊有以下的缺点：

(1) 对焊工操作技术要求高，焊工培训费用大。焊条电弧焊的焊接质量，除靠选用合适的焊条、焊接工艺参数和焊接设备外，主要靠焊工的操作技术和经验保证，即焊条电弧焊的焊接质量在一定程度上取决于焊工操作技术。因此必须经常进行焊工培训，所需要的培训费用很大。

(2) 劳动条件差。焊条电弧焊主要靠焊工的手工操作和眼睛观察完成全过程，焊工的劳动强度大，并且始终处于高温烘烤和有毒的烟尘环境中，劳动条件比较差，因此要加强劳动保护。

（3）生产效率低。焊条电弧焊主要靠手工操作，并且焊接工艺参数选择范围较小，另外，焊接时要经常更换焊条，并要经常进行焊道熔渣的清理，与自动焊相比，焊接生产率低。

（4）不适于特殊金属以及薄板的焊接。对于活泼金属（如 Ti、Nb、Zr 等）和难熔金属（如 Ta、Mo 等），由于这些金属对氧的污染非常敏感，焊条的保护作用不足以防止这些金属氧化，保护效果不够好，焊接质量达不到要求，所以不能采用焊条电弧焊；对于低熔点金属，如 Ti、Nb、Zr 及其合金等，由于电弧的温度对其来讲太高，所以也不能采用焊条电弧焊焊接。另外。焊条电弧焊的焊接工件厚度一般在 1.5mm 以上，1mm 以下的薄板不适于焊条电弧焊。

由于焊条电弧焊具有设备简单、操作方便、适应性强、能在空间任意位置焊接的特点，所以被广泛应用于各个工业领域，是应用得最广泛的焊接方法之一。

1.2　焊条电弧焊的工作原理及安全特点

1.2.1　焊条电弧焊的工作原理

（1）基本原理。将焊条和焊件分别作为两个电极，利用二者之间电弧放电（俗称电弧燃烧）发生的电弧热量将焊条与工件相互熔化，并在冷凝后形成焊缝，从而获得牢固接头。

（2）焊接电弧。由焊接电源供给的，具有一定电压的两电极间或在工件与焊条两电极之间的气体介质中持续强烈的放电现象称为焊接电弧。

（3）电弧温度（图 1-2）。在焊接低碳钢或低合金钢时，电弧中心温度可达 6000～8000K，两电极的温度可达 2400～2600K。

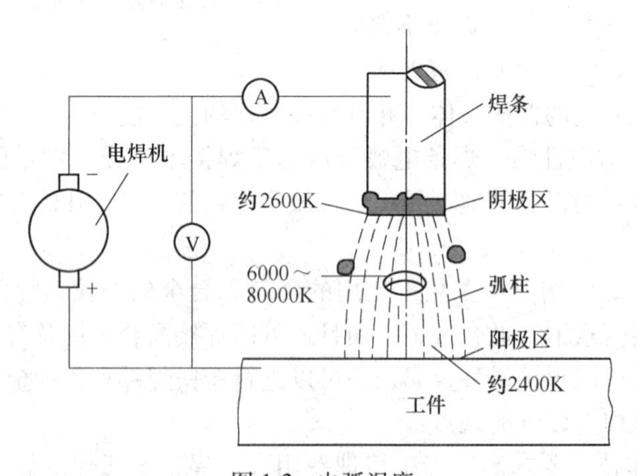

图 1-2　电弧温度

（4）电弧燃烧的必要条件。一般条件下，由于气体的分子和原子都是呈中性的，气体中几乎没有带电质点，因而气体不能导电，电弧不能自发产生，要使气体导电，气体必须电离。电离后原中性分子或原子转变成电子、正离子等带电质点，这样电流阴极发射的电子才能通过气体间隙形成电弧。

（5）气体电离。气体原子和自然界的一切物质一样，其中电子是按一定轨道环绕原子核运动，在常态下原子是呈中性的。但在一定条件下，气体原子中的电子从外部获得足够的能量，就能与脱离原子核的引力而成为自由电子，同时原子因失去电子而成为正离子，这种使中性气体分子或原子释放电子形成正离子的过程称为气体电离。

（6）焊接时气体电离种类：

1）热电离。气体粒子受热产生的电离称为热电离，温度越高，热电离作用越大。

2）电场作用下的电离。带电粒子在电场作用下各作定向高速运动，产生较大动能并不断与中性粒子相撞时，不断产生的电离称为电场作用下的电离。两极间电压越高，电场作用越大，则电离作用越强烈。

3）光电离。中性粒子在光辐射作用下产生的电离称为光电离。

1.2.2 焊条电弧焊安全特点

（1）焊接设备空载电压一般为50~90V，高于人体所能承受的安全电压（30~45V），更换焊条时，易发生触电事故。操作时应戴手套，穿绝缘鞋。

空载电压：当焊机接通电网，而输出端没有负载时，焊接电流为零，此时输出端的电压称为空载电压。

（2）焊条、焊件、药皮在电弧高温下，发生蒸汽凝结气，产生大量烟灰，同时空气在弧光强烈辐射下产生臭氧、氮氧化物等有毒气体，若通风不良和长期接触危害作业者健康易引发多种疾病，要注意通风。

（3）作业人员直接受弧光辐射（主要紫外线、红外线的过度照射）会引起眼睛、皮肤疼痛。要戴防护面具、穿工作服。

（4）电焊机线路故障或者焊渣飞溅，易引起燃烧爆炸事故。

1.3 焊条

1.3.1 焊条的组成

涂有药皮的供弧焊用的熔化电极称为电焊条，简称焊条。焊条由焊芯和药皮（涂层）组成。通常焊条引弧端有倒角，药皮被除去一部分，露出焊芯端头，有的焊条引弧端涂有引弧剂，使引弧更容易。在靠近夹持端的药皮上印有焊条牌号。如图1-3所示。

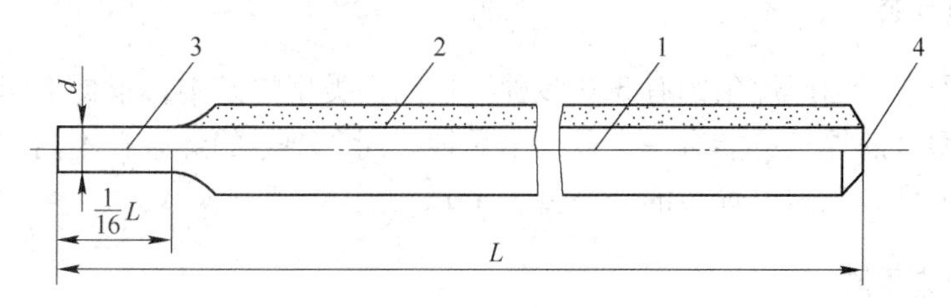

图1-3 电焊条

1—焊芯；2—药皮；3—夹持端；4—引弧

焊条直径通常为2.0mm、2.5mm、3.2mm、3.0mm、4.0mm、5mm、6mm等，常用

2. 5mm、3. 2mm、4. 0mm 三种。

焊条长度 L 在 250~450mm 之间，直径越小，焊条越短。

1. 3. 1. 1　焊芯

焊条中被药皮包覆的金属芯称为焊芯。焊接时焊芯的作用是：

（1）传导焊接电流，产生电弧，将电能转换成热能；

（2）自身熔化作为填充金属与液体母材融和形成焊缝。

1. 3. 1. 2　药皮

涂敷在焊芯表面的有效成分称为药皮，也称涂层。焊条药皮是矿石粉末、铁合金粉、有机物和化工制品等原料按一定比例配制后压涂在焊芯表面上的一层涂料。其作用是：

（1）机械保护作用。

1）气保护。药皮熔化后产生大量气体 CO、H_2 等（还原气体）笼罩着电弧区和熔池，基本上把金属与空气隔绝，可防止 O_2、N_2 侵入，起到保护熔池金属的作用。

2）渣保护。药皮熔化后形成熔渣覆盖熔滴和熔池金属，这样不仅可隔绝金属空气中 O_2、N 侵入，还能减缓焊缝的冷却速度，促进焊缝金属中气体排出，减少生成气孔的可能性，并改善焊缝的成形和结晶。

（2）冶金作用。药皮中加入还原剂，可使焊缝中氧化物还原；药皮中加入一些去 H 和去 S，可提高焊缝抗裂性；药皮中加入一些铁合金或纯合金元素能弥补被烧损的元素，提高焊缝的力学性能。

（3）改善焊接工艺性能。焊药中可加入低电离电位的物质，促进气体电离，提高电弧燃烧的稳定性。焊药稍低于焊芯的熔点（约低 100~250℃），药皮较焊芯熔化晚一点，可在焊条端头形成不长的一小段药皮套管，套管可使电弧热量更集中，起稳定电弧燃烧作用，有利于熔滴向熔池过渡，提高熔敷效率。

1. 3. 1. 3　焊条药皮的组成

为保证焊缝金属获得具有合乎要求的化学成分和力学性能，并使焊条具有良好的焊接工艺性能，焊条药皮组成相当复杂，一种焊条药皮配方中，组成物有七八种。由各种矿物类、铁合金、有机物和化工产品（水玻璃类）等组成。

1. 3. 2　焊条的分类

焊条种类繁多，国产焊条约有 300 多种。在同一类型焊条中，根据不同特性分成不同的型号。某一型号的焊条可能有一个或几个品种。同一型号的焊条在不同的焊条制造厂往往可有不同的牌号。我国电焊条的分类见表 1-1。

1. 3. 3　焊条的选用原则

焊条的种类繁多，每种焊条均有一定的特性和用途。选用焊条是焊接准备工作中一个很重要的环节。在实际工作中，除了要认真了解各种焊条的成分、性能及用途外，还应根据被焊焊件的状况、施工条件及焊接工艺等综合考虑。选用焊条一般应考虑以下原则。

表1-1　电焊条分类

分类方法	类别名称	电源种类	特征字母及表示法
按药皮成分分类	不定型	不规定	
	氧化钛型	交、直流	
	钛钙型	交、直流	
	钛铁矿型	交、直流	
	氧化铁型	交、直流	
	纤维素型	交、直流	
	低氢钾型	交、直流	
	低氢钠型	直流	
	石墨型	交、直流	
	盐基型	直流	
按熔渣酸碱性分类	酸性焊条		
	碱性焊条		
按焊条用途分类	结构钢焊条		J×××
	钼和铬钼耐热钢焊条		R×××
	不锈钢焊条		G××× A×××
	堆焊焊条		D×××
	低温钢焊条		W×××
	铸铁焊条		Z×××
	镍和镍合金焊条		Ni×××
	铜和铜合金焊条		T×××
	铝和铝合金焊条		L×××
	特殊用途焊条		TS×××
按焊条性能分类	超低氢焊条		
	低尘低毒焊条		
	立向下焊条		
	底层焊条		
	铁粉高效焊条		
	抗潮焊条		
	水下焊条		
	重力焊条		
	躺焊焊条		

1.3.3.1　焊接材料的力学性能和化学成分

(1) 对于普通结构钢，通常要求焊缝金属与母材等强度，应选用抗拉强度等于或稍高于母材的焊条。

（2）对于合金结构钢，通常要求焊缝金属的主要合金成分与母材金属相同或相近。

（3）在被焊结构刚性大、接头应力高、焊缝容易产生裂纹的情况下，可以考虑选用比母材强度低一级的焊条。

（4）当母材中 C 及 S 、P 等元素含量偏高时，焊缝容易产生裂纹，应选用抗裂性能好的低氢型焊条。

1.3.3.2　焊件的使用性能和工作条件

（1）对承受动载荷和冲击载荷的焊件，除满足强度要求外，还要保证焊缝具有较高的韧性和塑性，应选用塑性和韧性指标较高的低氢型焊条。

（2）接触腐蚀介质的焊件，应根据介质的性质及腐蚀特征，选用相应的不锈钢焊条或其他耐腐蚀焊条。

（3）在高温或低温条件下工作的焊件，应选用相应的耐热钢或低温钢焊条。

1.3.3.3　焊件的结构特点和受力状态

（1）对结构形状复杂、刚性大及大厚度焊件，由于焊接过程中产生很大的应力，容易使焊缝产生裂纹，应选用抗裂性能好的低氢型焊条。

（2）对焊接部位难以清理干净的焊件，应选用氧化性强，对铁锈、氧化皮、油污不敏感的酸性焊条。

（3）对受条件限制不能翻转的焊件，有些焊缝处于非平焊位置，应选用全位置焊接的焊条。

1.3.3.4　施工条件及设备

（1）在没有直流电源，而焊接结构又要求必须使用低氢型焊条的场合，应选用交、直流两用低氢型焊条。

（2）在狭小或通风条件差的场所，应选用酸性焊条或低尘焊条。

1.3.3.5　改善操作工艺性能

在满足产品性能要求的条件下，尽量选用电弧稳定、飞溅少、焊缝成形均匀整齐、容易脱渣的工艺性能好的酸性焊条。焊条工艺性能要满足施焊操作需要。如在非水平位置施焊时，应选用适合各种位置焊接的焊条。如在向下立焊、管道焊接、底层焊接、盖面焊、重力焊时，可选用相应的专用焊条。

1.3.3.6　合理的经济效益

在满足使用性能和操作工艺性的条件下，应尽量选用成本低、效率高的焊条。对于焊接工作量大的结构，应尽量采用高效率焊条，如铁粉焊条、高效率不锈钢焊条及重力焊条等，以提高焊接生产率。

1.4　焊条电弧焊设备

焊条电弧焊所用焊机按电源的种类可分为交流弧焊机和直流弧焊机两大类。其中直流弧焊机按变流的方式不同又分为弧焊整流器、逆变弧焊机和旋转式直流弧焊发电机（现已淘汰）等。每一类型的焊机根据原理和结构特点又可分为多种形式，如图 1-4 所示。

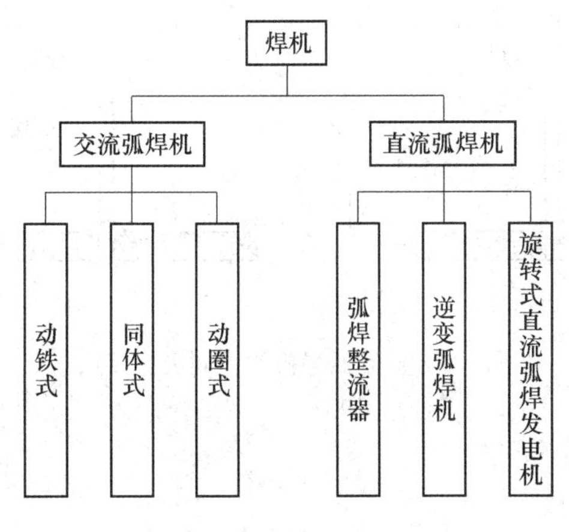

图 1-4　电焊机分类

1.4.1　交流弧焊电源

交流弧焊电源是一种特殊的降压变压器，它具有结构简单、噪声小、价格便宜、使用可靠、维护方便等优点。交流弧焊电源分动铁式和动圈式两种。BX1-300 型动铁式弧焊机是目前使用较广泛的一种交流弧焊机，其外形如图 1-5 所示。它的电流调节通过改变活动铁芯的位置来进行。具体操作方法是借转动调节手柄，并根据电流指示盘将电流调节到所需值。动圈式弧焊电源是通过变压器的初级和次级线圈的相对位置来调节焊接电流的大小。

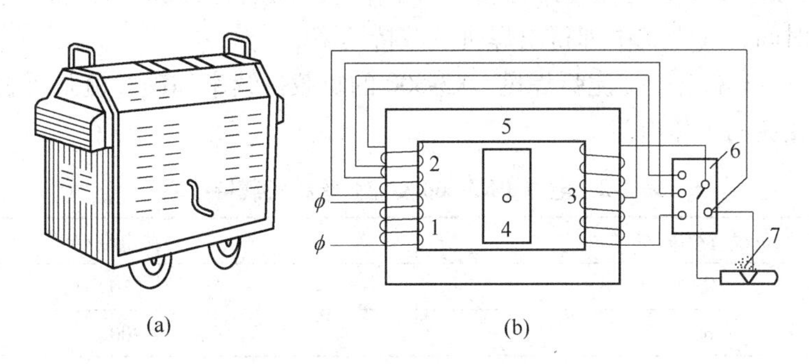

图 1-5　BX1-330 交流弧焊机

（a）外形图；（b）线路图

1—初级绕组；2，3—次级绕组；4—动铁芯；5—静铁芯；6—接线板；7—摇把

1.4.2　直流弧焊电源

直流弧焊电源输出端有正负极之分，焊接时电弧两端极性不变。弧焊机正负两极与焊条、焊件有两种不同的接线法：将焊件接到弧焊机正极，焊条接至负极，这种接法称正接，又称正极性；反之，将焊件接到负极，焊条接至正极，称为反接，又称反极性，如图 1-6 所示。焊接厚板时一般采用直流正接，这是因为电弧正极的温度和热量比负极高，采

用正接能获得较大的熔深。焊接薄板时为了防止烧穿常采用反接。在使用碱性低氢钠型焊条时均采用直流反接。

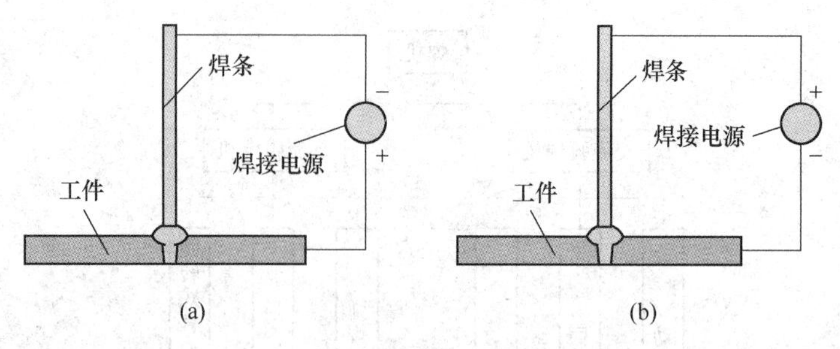

图 1-6　直流弧焊机的不同极性接法
(a) 正接法；(b) 负接法

1.4.3　负载持续率

焊接设备铭牌上都标有负载持续率。负载持续率是用来表示焊接设备工作状态的参数，它是在选定的工作时间周期内允许焊接设备连续负载的时间。

众所周知，焊接设备工作时会发热，温升过高会把焊接设备的线包绝缘烧毁（一般焊接设备的温度不得超过 60~80℃）。温升与焊接电流大小有关，同时也与焊机使用状态有关，连续运转与断续使用时温升情况也不一样。

负载持续率计算方法如下：

$$负载持续率=\frac{在选定的工作时间内负载的时间}{选定的工作时间周期}\times 100\%$$

标准规定：500A 以下的焊接设备选定的工作时间周期为 5min。计算时，每个 5min 内测出电弧燃烧时间，代入式中即得出焊机负载持续率。

表 1-2 和表 1-3 给出了交流弧焊机 BX3-300 的负载持续率和硅整流弧焊机 ZXG-300 的负载持续率及相应的工作电流。

表 1-2　电焊 BX3-300 交流弧焊机负载持续率

负载持续率/%	焊接电流/A
100	230
60	300

表 1-3　电焊 ZXG-300 硅整流弧焊机负载持续率

负载持续率/%	焊接电流/A
100	232
60	300

1.5　焊接工艺参数选择

焊条电弧焊的焊接工艺参数通常包括焊条直径、焊接电流、电弧电压、焊接速度、电源种类和极性、焊接层数等。焊接工艺参数选择的正确与否，直接影响焊缝形状、尺寸、焊接质量和生产率，因此选择合适的焊接工艺参数是焊接生产中不可忽视的一个重要问题。

1.5.1 焊条直径

（1）焊件厚度选择见表1-4。

表1-4 焊条直径与焊件厚度关系

焊件厚度/mm	≤2	3~4	5~12	>12
焊条直径/mm	2	3.2	4~5	≥5

（2）焊缝位置。在板厚相同情况下，平焊缝、焊条直径大些，但应不大于5m；立焊缝焊条直径为3.2mm、4.0mm；横、仰焊缝焊条为避免金属下淌，焊条直径应不大于4mm。

（3）焊接层数。为保证第一层根部焊透，打底焊直接较小，以后可选用直径较大的焊条。

（4）接头形式。搭接接头、T形接头因不存在全焊透，所以应选用较大直径焊条，以提高生产效率。

1.5.2 焊接电流

（1）根据焊条直径来选择电流，$I = k_{\mathrm{d}}$，一般k选为30~55，通过试焊决定I值。

（2）根据焊接位置选择，平焊时易控制，可选较大的$I_{平}$；立焊和横焊时：$I=(110\%\sim115\%)I_{平}$；仰焊时：$I=(0.8\sim0.9)I_{平}$。

（3）根据焊条类型选择。奥氏体不锈钢焊条使用的焊接电流要比碳钢焊条电流小些，以避免因其焊芯电阻热过大使焊条药皮过热而脱落；碱性焊条要比酸性焊条使用的电流小些，否则易产生气孔。

（4）根据焊接经验选择。

1）焊接电流过大：焊接爆裂声大，熔滴向外飞溅，而且熔池也大，焊缝宽而低，易产生烧穿、焊瘤、咬边缺；运条中溶渣不能覆盖熔池其保护作用，而使熔池裸露在外，造成成形波纹粗糙过大的电流使焊条熔化到大半根时，余下部分已发红。

2）焊接过小时：焊缝窄而高、熔合不良，会产生未焊透、夹渣等，熔渣超前，与液态金属分不清；有时焊条会同焊件粘连，而且生产效率低。

3）合适电流：熔池会发出煎鱼般的声音；运条中，以正常速度移动熔渣会半盖半露着熔池，液态金属和熔渣易分清；焊缝金属与母材圆滑过渡，熔合良好；操作时有得心应手之感。

1.5.3 电弧电压

电弧电压主要由弧长决定：弧长，电压高；弧短，电压低。

电弧过长，燃烧不稳、飞溅增加、熔深减小、外部空气易侵入，造成气孔缺陷，直接影响焊缝金属力学性能。一般要求使用短弧焊，弧长是焊条直径的0.5~1倍。使用碱性焊条时，为预热待焊部位或降低熔池温度，有时进行长弧焊。

1.5.4 焊接层数

焊件较厚时，往往采用多层焊。多层焊时，后层焊道重新加热和部分熔合前一层焊道，因而可消除后者存在的偏析、夹渣及一些气孔，同时后一层还对前一层起热处理作用，能改善长焊缝的金属组织，提高焊缝的力学性能。因此，重要结构，焊接层数多些为好。层数增加，往往使焊件变形增加。每层厚度最好不大于4mm。

1.5.5 电源种类和极性选择

电源：直流电弧稳定、飞溅小、焊接质量好、主要用于重要结构货源极大刚度结构；交流焊机构造简单、造价低、维护方便，常优先选择，不同极性来焊接各种不同的焊件。

极性：利用阳极比阳极温度的特点选用。一般使用碱性焊条或薄板焊接，采用直流反接；而酸性焊条，通常选用正接。

1.6 焊条电弧焊辅助设备和工具

焊条电弧焊辅助设备和工具包括电焊钳、焊接电缆、面罩及其他防护用具。

1.6.1 电焊钳

电焊钳是夹持焊条并传导焊接电流的操作器具。对电焊钳的要求是：在任何斜度都能夹紧焊条；具有可靠的绝缘和良好的隔热性能；电缆的橡胶包皮应伸入到钳柄内部，使导体不外露，起到屏护作用；轻便、易于操作。电焊钳的规格和主要技术数据见表1-5。

表1-5 电焊钳的规格和主要技术数据

规格/A	额定值			适用焊条直径/mm	耐电压性能/V·min^{-1}	能连接的最大电缆截面/mm^2
	负载持续率/%	工作电压/V	工作电流/A			
500	60	40	500	4.0~8.0	1000	95
300	60	32	300	2.5~5.9	1000	50
100	60	26	160	2.0~4.0	1000	35

1.6.2 焊接电缆

焊条电弧焊在工作中除焊接设备外，还必须有焊接电缆。焊接电缆应采用橡皮绝缘多股软电缆，根据焊机的容量选取适当的电缆截面，选取时可参考表1-6。如果焊机距焊接工作点较远，需要较长电缆时，应当加大电缆截面积，使在焊接电缆上的电压降不超过4V，以保证引弧容易及电弧燃烧稳定。不允许用扁铁搭接或其他办法来代替连接焊接的电缆，以免因接触不良而使回路上的压降过大，造成引弧困难和焊接电弧的不稳定。

表1-6 焊接电缆选用表

最大焊接电流/A	200	300	450	600
焊接电缆截面积/mm^2	25	50	70	95

焊机和焊接手柄与焊接电缆的接头必须拧紧，表面应保持清洁，以保证其良好的导电性能。不良的接触会损耗电能，还会导致焊机过热将接线板烧毁或使电焊钳过热而无法工作。

1.6.3 面罩及其他防护用具

面罩的主要作用是保护电焊工的眼睛和面部不受电弧光的辐射和灼伤，面罩分手持式和头盔式两种。面罩上的护目玻璃起到减弱电弧光并过滤红外线、紫外线的作用。护目玻璃有不同色号，目前以黑绿色的为多，应根据电焊工的年龄和视力情况尽量选择颜色较深的护目玻璃，以保护视力。护目玻璃是特制化学玻璃，在焊接时，有减弱电弧光，过滤红外线、紫外线作用，分为 7～12 六个号，号越小颜色越深。手弧焊一般选 7 号或 8 号为宜。护目玻璃外还加有相同尺寸的一般玻璃，以防金属飞溅沾污护目玻璃。

其他防护用品还有电焊工在工作时需佩带的专用电焊手套和护脚，以及清渣时应戴的平光眼镜。

复习思考题

(1) 焊条电弧焊的安全特点有哪些?

(2) 焊条由________和________组成。

(3) 焊条药皮作用有哪些?

(4) 焊接工艺参数有哪些?

(5) 焊接电弧由那几个区构成?

2　CO_2 气体保护焊

气体保护电弧焊是在第二次世界大战期间发展起来的。20 世纪 30 年代，人们已经发明了以氩气作为保护气体的氩弧焊，但由于氩气价格昂贵，推广受到了限制，这就迫使人们寻求价廉的保护气体。经过较长时间的科研活动，CO_2气体保护电弧焊终于在 20 世纪 50 年代初问世。目前我国在船舶制造、汽车制造、车辆制造、石油化工等部门已广泛使用 CO_2气体保护电弧焊。

2.1　概述

2.1.1　CO_2 气体保护焊基本原理

以焊丝和焊件作为两个电极产生电弧，用电弧的热量来熔化焊丝与焊件金属，以 CO_2 气体作为保护气体，保护电弧和熔池，从而获得良好的焊接接头，这种焊接方法称为二氧化碳气体保护焊，如图 2-1 所示。

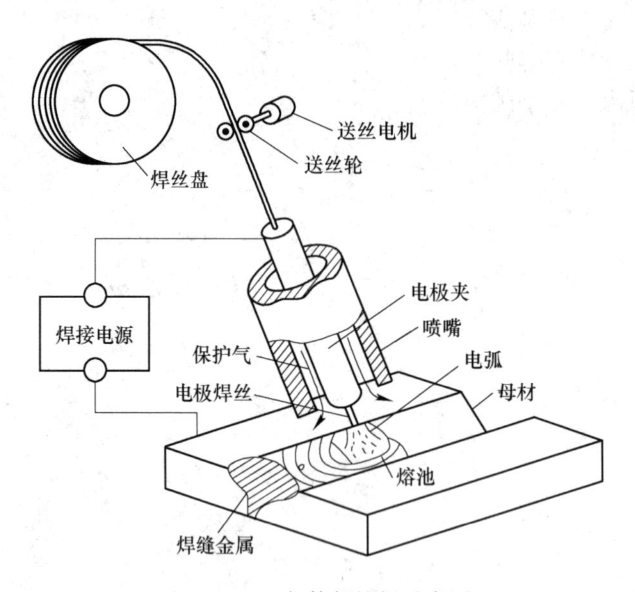

图 2-1　CO_2 气体保护焊示意图

2.1.2　CO_2 气体保护焊的分类

按所用的焊丝直径不同，CO_2 气体保护焊可分为细丝 CO_2 气体保护焊（焊丝直径≤1.2mm）及粗丝 CO_2 气体保护焊（焊丝直径≥1.6mm）。由于细丝 CO_2 焊工艺比较成熟，因此应用最广。

CO_2 气体保护焊按操作方式不同又可分为 CO_2 半自动焊和 CO_2 自动焊，其主要区别在于 CO_2 半自动焊用手工操作焊枪完成电弧热源移动。而送丝、送气等与 CO_2 自动焊一样，由相应的机械装置来完成。CO_2 半自动焊的机动性较大，适用不规则或较短的焊缝焊接；CO_2 自动焊主要用于较长的直线焊缝和环形焊缝等焊接。

2.1.3 CO_2 气体保护焊的特点

CO_2 气体保护焊本身具有很多优点，已广泛应用于焊接低碳钢、低合金钢及低合金高强钢。在某些情况下，可以焊接耐热钢、不锈钢，或用于堆焊耐磨零件及焊补铸钢件和铸铁件。其与其他电弧焊相比具有以下特点。

优点：

（1）焊接速度快、生产效率高。由于焊丝自动送进，焊接时焊接电流密度大，焊丝的熔化效率高，所以熔敷速度高。焊接生产率比手弧焊高 2~3 倍。

（2）焊接范围广。可适用低碳钢、高强度钢、普通铸钢全方位焊。

（3）焊接质量好。对铁锈不敏感，焊缝含氢量低，抗裂性能好，受热变形小。

（4）焊缝抗裂性能高。焊缝低氢且含氮量也较少。

（5）熔深大。熔深是手弧焊的 3 倍，坡口加工小。

（6）熔敷效率高。手弧焊焊条熔敷效率是 60%，二氧化碳焊焊丝熔敷效率是 90%。

（7）焊接成本低。二氧化碳气体是酿造厂和化工厂的副产品，价格低、来源广，其焊接成本约为手弧焊和埋弧焊的 40%~50%。

（8）操作简便。明弧，对工件厚度不限，可进行全位置焊接而且可以向下焊接。

（9）抗锈能力强。二氧化碳焊对焊件上的铁锈、油污及水分等，不像其他焊接方法那样敏感，具有较好的抗气孔能力。

缺点：

（1）飞溅较大。不论采用什么措施，也只能使二氧化碳焊接飞溅减小到一定程度，但仍比手弧焊、氩弧焊大得多。

（2）弧光强。二氧化碳气体保护焊弧光强，操作时需加强防护。

（3）抗风力弱。在室外进行二氧化碳气体保护焊作业时，应采取必要的防风措施。

（4）灵活性较差。二氧化碳气体保护焊的焊枪和送丝软管较重，在小范围内操作不够灵活，特别是在使用水冷焊枪时很不方便。此外，推丝式焊枪的送丝软管长度有限，一般在 3m 左右，在焊接一些大型焊件时，受到一定的限制。

（5）可焊材料种类窄。二氧化碳气体保护焊不能焊接不锈钢及易氧化的非铁金属。

（6）焊机较复杂。二氧化碳气体保护焊焊机比弧焊焊机复杂，价格较高，设备维修的技术要求也较高。

2.1.4 CO_2 气体保护焊的设备

CO_2 气体保护焊设备可分为半自动焊和自动焊两种类型。焊接设备主要由焊接电源、送丝系统、焊枪及行走系统（自动焊）、供气系统和水冷系统、控制系统等部分组成，如图 2-2 所示。

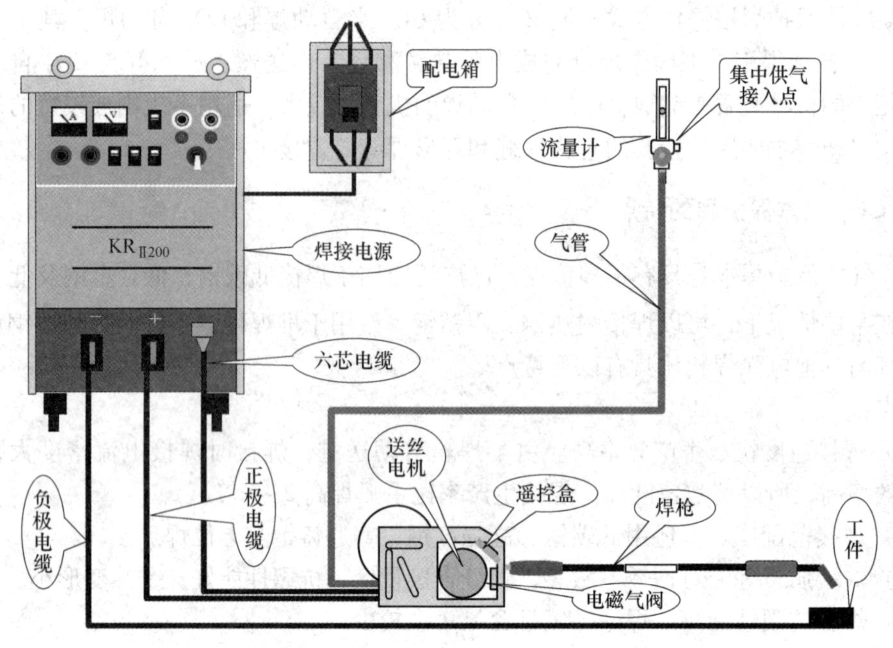

图 2-2　CO_2 气体保护焊设备组成

2.1.4.1　焊接电源

CO_2 气体保护焊通常采用直流焊接电源。这种电源可为变压器-整流器式、电动机-发电机式和逆变电源式。焊接电源的额定功率取决于各种用途所要求的电流范围，通常在15~500A 之间，特种应用时要求 1500A。电源的负载持续率为 60%~100%；空载电压为55~85V。通常要根据焊接工艺的需要确定对焊接电源技术参数的要求，然后选用能满足要求的焊接电源。

2.1.4.2　送丝系统

送丝系统通常是由送丝机构（包括电动机、减速器、校直轮、送丝轮）、送丝软管、焊丝盘等组成。CO_2 气体保护焊焊机的送丝系统根据其送丝方式的不同，通常可分为四种类型。

（1）推丝式。焊枪简单、轻巧，以鹅颈式焊枪多见，实际应用较多；送丝距离有限（通常≤5m），送细丝效果欠佳。

（2）拉丝式。焊枪复杂、较重，以手枪式焊枪多见，薄板结构使用较多；适于送细丝/远距离送丝。

（3）推拉丝式。焊枪结构复杂，适用于远距离送（细、软）丝，多用于机器人焊接和铝的熔化及气体保护焊。

（4）行星式（线式）。多级串联的行星式送丝，即为线式送丝，可远距离稳定地送细的软焊丝（如 0.8mm 的铝焊丝）。

2.1.4.3　焊枪

CO_2 气体保护电弧焊的焊枪分为半自动焊焊枪（手握式）和自动焊焊枪（安装在机

械装置上）。

（1）半自动焊焊枪。半自动焊焊枪按冷却方式可分为气冷和水冷二类；按结构形式分为手枪式和鹅颈式。手枪式焊枪适用于较大直径焊丝，它对冷却效果要求较高，因而常采用内部循环水冷却。手枪式焊枪重心不在手握部分，操作时不太灵活。鹅颈式焊枪适合于小直径焊丝，其重心在手握部分，操作灵活方便，使用较广。

（2）自动焊焊枪。自动焊焊枪的主要作用与半自动焊焊枪相同，自动焊焊枪固定在机头上或行走机构上，经常在大电流情况下使用，除要求其导电部分、导气部分以及导丝部分性能良好外，为了适应大电流、长时间使用需要，喷嘴要采用水冷装置，这样既可减少飞溅粘着，又可防止焊枪绝缘部分过热烧坏。

2.1.4.4　供气和水冷系统

（1）供气系统。供气系统由气源（高压气瓶）、减压阀、流量计和电磁或机械气阀组成。对于CO_2气体，需要安装预热器、高压干燥器和低压干燥器。

1）减压阀。减压阀用以调节气体压力，也可以用来控制气体的流量。一般采用较低压力的乙炔压力表（压力调节范围为10~150kPa）或带有流量计的医用减压阀。

2）流量计。流量计用来标定和调节保护气体的流量大小。通常采用转子流量计。转子流量计上的刻度是用空气作为介质来标定的，由于各保护气体的密度与空气不同，所以实际的流量与流量计标定的流量有些差异。要知道实际气体的准确流量大小必须进行换算。

3）气阀。气阀是用来控制保护气体通断的元件。可根据不同的要求，采用机械气阀通断或用电磁气阀开关控制系统来完成气体的准确通断。大多的手枪式、鹅颈式焊枪上都设置了手动机械球型气阀。这种气阀通、断可靠，结构简单，使用方便。自动焊时，通常采用电磁气阀，由控制系统自动完成保护气体的通断。

4）预热器。当打开CO_2钢瓶阀门时，瓶中的液态CO_2不断气化成CO_2气体，这一过程要吸收大量的热量；另外，经减压后气体体积膨胀，也会使气体温度下降。为了防止CO_2气体中的水分在钢瓶出口处及减压表中结冰，使气路堵塞，在减压之前要将CO_2气体预热。这种预热气体的装置称为预热器。显然，预热器应尽量装在钢瓶的出气口处。

预热器的结构比较简单，一般采用电热式，将套有绝缘瓷管的电阻丝绕在蛇形纯铜管的外围即可。采用36V交流电供电，功率在100~150W之间。在开气瓶之前，先将预热器通电加热。

5）干燥器。为了最大限度地减少CO_2气体中的水分含量，供气系统中一般设有干燥器。干燥器为装有干燥剂（如硅胶、脱水硫酸铜、无水二氯化钙等）的吸湿装置。干燥器分为装在减压阀之前的高压干燥器和装在减压阀之后的低压干燥器二种，可根据钢瓶中CO_2纯度选用其中之一，或二者都用。如果CO_2纯度较高，能满足焊接生产的要求，亦可不设干燥器。

（2）水冷系统。水冷式焊枪的水冷系统由水箱、液压泵、冷却水管及水压开关组成。水箱里的冷却水经液压泵流经冷却水管，经水压开关后流入焊枪，然后经冷却水管再回流入水箱，形成冷却水循环。也有采用不需水箱的，液压泵的直排式非循环水冷系统。显然，非循环水冷系统将造成大量冷却水的浪费。水冷系统中的水压开关将保证冷却水未流经焊枪或流经的水量不足时焊接系统不能启动，以避免由于未经冷却而烧坏焊枪。

2.1.4.5 控制系统

CO_2气体保护电弧焊设备的控制系统由基本控制系统和程序控制系统组成。

（1）基本控制系统。基本控制系统主要包括焊接电源输出调节系统、送丝速度调节系统、焊车（或工作台）行走速度调节系统（自动焊）和气流量调节系统。它们的作用是在焊前或焊接过程中调节焊接电流或电压、送丝速度、焊接速度和气流量的大小。

（2）程序控制系统。程序控制系统主要作用：

1）控制焊接设备的起动和停止。

2）控制电磁气阀动作，实现提前送气和滞后停气，使焊接区受到良好保护。

3）控制水压开关动作，保证焊枪受到良好的冷却。

4）控制引弧和熄弧。CO_2 气体保护电弧焊的引弧方式一般有三种：爆断引弧（焊丝接触工件通电，使焊丝与工件接触处熔化，焊丝爆断后引燃电弧）；慢送丝引弧（焊丝缓慢送向工件直到电弧引燃，然后提高送丝速度）；回抽引弧（焊丝接触工件，通电后回抽焊丝引燃电弧）。熄弧方式有两种：电流衰减（送丝速度也相应衰减，填满弧坑，防止焊丝与工件粘连）、焊丝返烧（先停止送丝，经过一定时间后切断焊接电源）。

5）控制送丝和小车（或工作台）移动（自动焊时）。当焊接起动开关闭合后，整个焊接过程按照设定的程序自动进行。程序控制的控制器由延时控制器、引弧控制器、熄弧控制器等组成。

程序控制系统将焊接电源、送丝系统、焊枪和行走系统、供气和水冷系统有机地组合在一起，构成一个完整的、自动控制的焊接设备系统。

除上述控制系统外，对某些焊接设备还备有参数自动调节系统。当焊接参数受到外界干扰而发生变化时可自动调节，以保持有关焊接参数的恒定，维持正常稳定的焊接过程。

2.2 CO_2气体保护焊工艺

2.2.1 二氧化碳气体保护焊主要规范参数

CO_2 气体保护焊在应用中除了要做好焊前准备（包括焊接接头形式、坡口设计与加工、接头清理、焊接装配等），还要正确地选择各种焊接工艺参数，才能确保合格的焊接质量。

2.2.1.1 焊接电流

根据焊接条件（板厚、焊接位置、焊接速度、材质等参数）选定相应的焊接电流。CO_2 焊机调电流实际上是在调整送丝速度。因此 CO_2 焊机的焊接电流必须与焊接电压相匹配，即一定要保证送丝速度与焊接电压对焊丝的熔化能力一致，以保证电弧长度的稳定。

焊接电流和送丝速度的关系如图 2-3 所示。

结论：同一焊丝，电流越大送丝速度越快。电流相同，丝越细送丝速度越快。

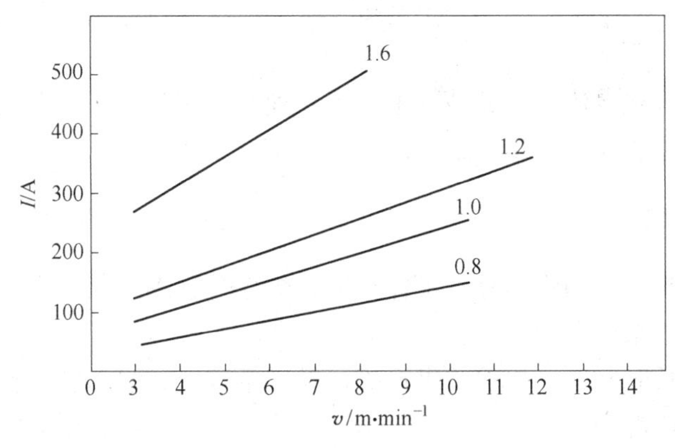

图 2-3 焊接电流和送丝速度的关系

2.2.1.2 焊接电压

焊接电压即电弧电压，提供焊接能量。电弧电压越高，焊接能量越大，焊丝熔化速度就越快，焊接电流也就越大。电弧电压等于焊机输出电压减去焊接回路的损耗电压，可用下列公式表示：

$$U_{电弧} = U_{输出} - U_{损}$$

如果焊机安装符合安装要求，损耗电压主要指电缆加长所带来的电压损失，如焊接电缆需要加长，调节焊机输出电压时可参考表 2-1 进行。

表 2-1 焊接电缆电压损耗参考表 (V)

电缆长度/m	焊接电流				
	100A	200A	300A	400A	500A
10	约 1	约 1.5	约 1	约 1.5	约 2
15	约 1	约 2.5	约 2	约 2.5	约 3
20	约 1.5	约 3	约 2.5	约 3	约 4
25	约 2	约 4	约 3	约 4	约 5

通常先根据焊接条件选定相应板厚的焊接电流，然后根据下列经验公式计算焊接电压。

小于 300A 时：焊接电压 = (0.04 倍焊接电流 + 16 ± 1.5)V

大于 300A 时：焊接电压 = (0.04 倍焊接电流 + 20 ± 2)V

例 2-1 选定焊接电流 200A，则焊接电压计算如下：

$$焊接电压 = (0.04 \times 200 + 16 \pm 1.5)\text{V} = (8 + 16 \pm 1.5)\text{V} = (24 \pm 1.5)\text{V}$$

例 2-2 选定焊接电流 400A，则焊接电压计算如下：

$$焊接电压 = (0.04 \times 400 + 20 \pm 2)\text{V} = (16 + 20 \pm 2)\text{V} = (36 \pm 2)\text{V}$$

焊接过程中当电压偏高时，弧长变长，飞溅颗粒变大，易产生气孔，焊道变宽，熔深和余高变小；而电压偏低时，焊丝插向母材，飞溅增加，焊道变窄，熔深和余高大。

2.2.1.3 焊接速度

在焊接电压和焊接电流一定的情况下，焊接速度的选择应保证单位时间内给焊缝足够的热量。焊接速度过快时，焊道变窄，熔深和余高变小。

2.2.1.4 干伸长度

焊丝从导电嘴到工件的距离称为干伸长度。焊接过程中，保持焊丝干伸长度不变是保证焊接过程稳定性的重要因素之一。

当干伸长度过长时，气体保护效果不好，易产生气孔，引弧性能差、电弧不稳、飞溅加大、熔深变浅、成形变坏。

当干伸长度过短时，看不清电弧，喷嘴易被飞溅物堵塞，飞溅大、熔深变深、焊丝易与导电嘴粘连。

可根据焊接电流的大小来确定干伸长度值：

当焊接电流小于300A时：$L=(10-15)$ 倍焊丝直径

当焊接电流大于300A时：$L=(10-15)$ 倍焊丝直径 + 5mm

2.2.1.5 焊丝

因二氧化碳是一种氧化性气体，在电弧高温区可分解为一氧化碳和氧气，具有强烈的氧化作用，使合金元素烧损，所以 CO_2 焊时为了防止气孔，减少飞溅和保证焊缝较高的机械性能，必须采用含有 Si、Mn 等脱氧元素的焊丝。

二氧化碳焊使用的焊丝既是填充金属又是电极，所以焊丝既要保证一定的化学性能和机械性能，又要保证具有良好的导电性能和工艺性能。

二氧化碳焊丝分为实芯焊丝和药芯焊丝两种：

(1) 实芯焊丝。

1) 实芯焊丝的型号、特征及适用范围。实芯焊丝的型号、特征及适用范围见表2-2。

表2-2 实芯焊丝的型号、特征及适用范围

焊丝型号	特征及适用范围
$H08Mn_2SiA$	冲击值高，送丝均匀，导电好
$H04Mn_2SiTiA$	脱氧、脱氮、抗气孔能力强，适用于200A以上电流
$H04Mn_2SiAlTiA$	脱氧/脱氮/抗气孔能力更强，适用于填充和 CO_2-O_2 混合气体保护焊
H08MnSiA	MAG焊

2) 常用的实芯焊丝型号：$H08Mn_2SiA$。

各字母及数字含义表示（质量分数）如下：

H：焊接用钢。

08：含碳量0.08%。

Mn_2：2%的氧化锰。

Si：1%的氧化硅。

A：含硫、磷量小于0.03%，无A则小于0.04%。

为了提高导电性能及防止焊丝表面生锈，一般在焊丝表面采用镀铜工艺，要求镀层均匀，附着力强，总含铜量不得大于0.35%。

（2）药芯焊丝。使用药芯焊丝焊接时，通常用 CO_2 或 CO_2+Ar 气体作为保护气体，与实芯焊丝的区别主要在于焊丝内部装有焊剂混合物。焊接时在电弧热作用下熔化状态的焊剂材料、焊丝金属、母材金属和保护气体相互之间发生冶金作用，同时形成一层较薄的液态溶渣包覆溶滴并覆盖溶池，对溶化金属形成又一层保护。实质上这种焊接方法是一种气渣联合保护的方法，它综合了手工电弧焊和 CO_2 气体保护焊的优点。

主要特点：

1）电弧稳定，焊缝成形美观，飞溅小，适合全位置焊接；

2）气相和渣相双重保护，抗气孔能力强于实芯电弧焊；

3）熔化速度快、溶敷效率高，生产率比手工焊高3~5倍；

4）调整焊剂成分可适应各种钢材及对焊缝的质量要求。

2.2.1.6 气体

CO_2 气体无色、无味、无毒，密度是空气密度的1.5倍，比水轻。焊接用 CO_2 气体的作用是为了隔离空气并作为电弧的介质。纯度要求大于99.5%，含水量小于0.05%。要求瓶装液态，每瓶内可装入25~30kg液态 CO_2。焊接过程中 CO_2 从液态转气态的气化过程中大量吸收热量，因此气路中必须加热。每千克液态 CO_2 可释放509L气体，一瓶液态二氧化碳可释放15000L左右气体，约可使用10~16h。

焊接作业前要正确地选择 CO_2 气体的流量：当焊接电流小于350A时，气体流量为15~20L/min；大于350A时，气体流量为20~25L/min。

CO_2 气体在灌装时会有一定的水分，当焊接质量要求比较高时必须对 CO_2 气体进行提纯。提纯方法：静置30min，倒置放水分，正置放杂气，重复两次。

2.2.1.7 极性

CO_2 气体保护焊的极性连接法的特点如下：

（1）反极性特点。电弧稳定，焊接过程平稳，飞溅小。

（2）正极性特点。熔深较浅、余高较大、飞溅很大、成形不好，焊丝熔化速度快（约为反极性的1.6倍），只在堆焊时才采用。

通常 CO_2 气体保护焊采用的是直流反接法连接焊枪与地线电缆，如图2-4所示。

2.2.2 CO_2气体保护焊的安全操作技术

CO_2气体保护焊的安全操作除遵守焊条电弧焊的有关规定外，还应注意以下几点：

（1）CO_2 化碳气体保护焊时，电弧温度约为6000~10000℃，电弧光辐射强，应加强防护。

（2）CO_2 气体保护焊时，飞溅较多，尤其粗丝焊接（直径大于1.6mm）更易产生大颗粒飞溅，焊工要有完善的防护用具，防止人体烧伤。

（3）CO_2 在焊接电弧高温下会分解生成对人体有害的CO及其他有害气体及烟尘，特

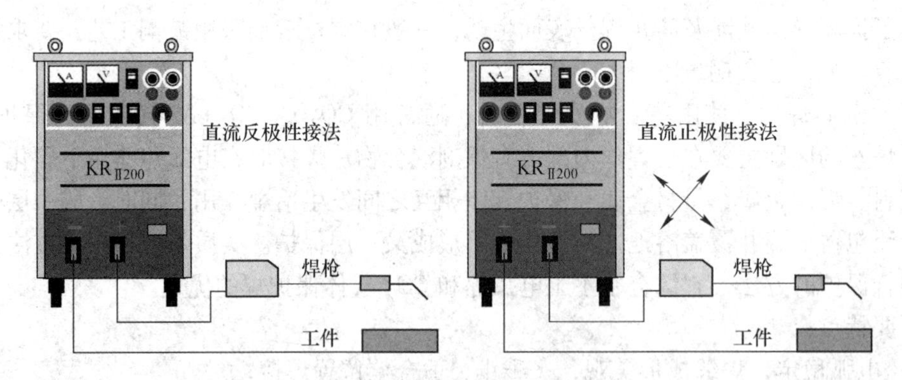

图 2-4 CO_2 气体保护焊设备组成

别是容器内施焊，更应加强通风，要使用能供给新鲜空气的特殊面罩，容器外应有人监护。

（4）CO_2 气体预热器电压应不高于 36V，外壳接地可靠，工作结束时立即断电断气。

（5）装有液态 CO_2 的气瓶，满瓶压力约为 0.5~0.7MPa，易受热蒸发成气体，易爆，因此，钢瓶不能接近火源、热源，应防高温 CO_2。气瓶应遵守《气瓶安全监察规程》的规定。

（6）大电流粗丝 CO_2 气体保护焊时，应防止焊枪水冷系统漏水破坏绝缘，并在焊把前加防护档极，以免发生触电事故。

复习思考题

（1）CO_2 气体保护焊设备由哪几部分组成？

（2）CO_2 气体保护焊工艺参数有哪些？

（3）CO_2 气体保护焊采用________极性。

3 手工钨极氩弧焊

钨极惰性气体保护焊是用高熔点的纯钨或钨合金作为电极，用惰性气体（氩气、氦气）或其混合气体作为保护气体的一种非熔化极电弧焊方法。通常把用氩气作保护气的钨极惰性气体保护焊称为钨极氩弧焊。

3.1 概述

3.1.1 钨极氩弧焊的基本原理

钨极氩弧焊是在惰性气体——氩气的保护下，利用钨极和焊件之间产生的焊接电弧熔化母材及焊丝的一种非熔化极焊接方法。焊接时，保护气体从焊枪的喷嘴中喷出，把电弧周围一定范围内的空气排出焊接区，并使焊接区形成一个厚而密的气体保护层，从而为形成优质的焊接接头提供了保障，如图 3-1 所示。焊接时可以添加焊丝或不添加焊丝。

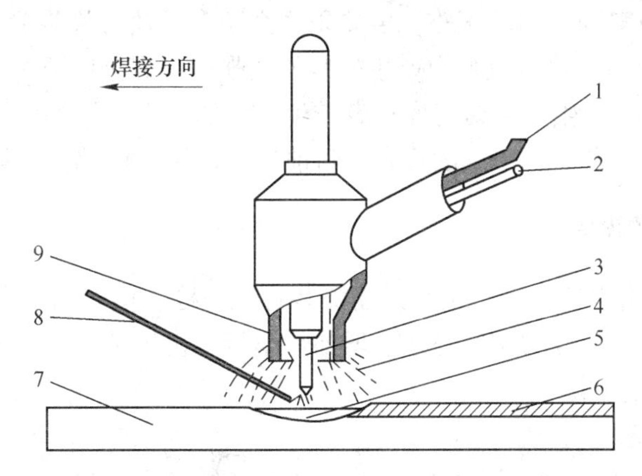

图 3-1　钨极氩弧焊示意图

1—电缆；2—保护气体导管；3—钨极；4—保护气体；5—熔池；6—焊缝；7—焊件；8—填充焊丝；9—喷嘴

3.1.2 钨极氩弧焊的分类

按操作方式钨极氩弧焊分为手工钨极氩弧焊和自动钨极氩弧焊。手工钨极氩弧焊焊接时，焊丝的添加和焊枪的运动完全是靠手工操作来完成的；自动钨极氩弧焊的焊枪运动和焊丝填充是由传动机构带动焊枪行走，送丝机构自动送丝。在实际生产中，手工钨极氩弧焊应用最广泛。

按电流种类钨极氩弧焊分为直流钨极氩弧焊、交流钨极氩弧焊和脉冲钨极氩弧焊。一般情况下，直流用于焊接除铝、镁及其合金以外的各种金属材料；交流又分为正弦波交流、矩形波交流等，用于焊接铝、镁及其合金；脉冲用于焊接对热敏感较大的金属材料和薄板以及全位置焊等。

3.1.3 钨极氩弧焊的特点

与焊条电弧焊相比，钨极氩弧焊主要有以下优点：

（1）由于氩气是惰性单原子气体，高温下不分解，与焊缝金属不发生化学反应，不溶解于液态金属，焊接过程基本上是金属熔化和结晶的简单过程，故保护效果最佳、焊缝质量高。

（2）焊接变形小，因为受氩气流冷却和压缩作用，电弧的热量集中且氩弧的温度高（一般弧柱温度为6000~8000K），因此焊缝热影响区窄，焊接薄件具有优越性。

（3）氩气保护无熔渣，提高了工作效率，而且焊缝成形美观、质量好。

（4）钨极氩弧焊熔池可见性好，便于观察和操作，技术容易掌握。

（5）适合各种位置焊接，容易实现机械化和自动化。

（6）几乎所有的金属材料都可以焊接，特别是化学性质活泼的金属。

钨极氩弧焊的缺点：

（1）成本高。无论氩气还是所用设备成本都高，因此钨极氩弧焊目前主要用于打底焊及有色金属的焊接。

（2）氩气电离电势高，引弧困难，需要采用高频引弧及稳弧装置等。

（3）安全防护问题。钨极氩弧焊产生的紫外线强度是焊条电弧焊的5~30倍。在紫外线照射下，空气中的氧产生臭氧，对操作者产生较大的危害。另外钨极氩弧焊若使用有放射性的钨极时，对操作者也有一定的危害，目前推广使用的铈钨极对操作者的危害较小。

3.1.4 钨极氩弧焊的设备

TIG焊设备一般由焊接电源、引弧及稳弧装置、焊枪、供气系统、水冷系统和焊接控制系统等部分组成。对于自动TIG焊还应增加焊车行走机构及送丝装置。图3-2所示为手工TIG焊设备系统示意图。

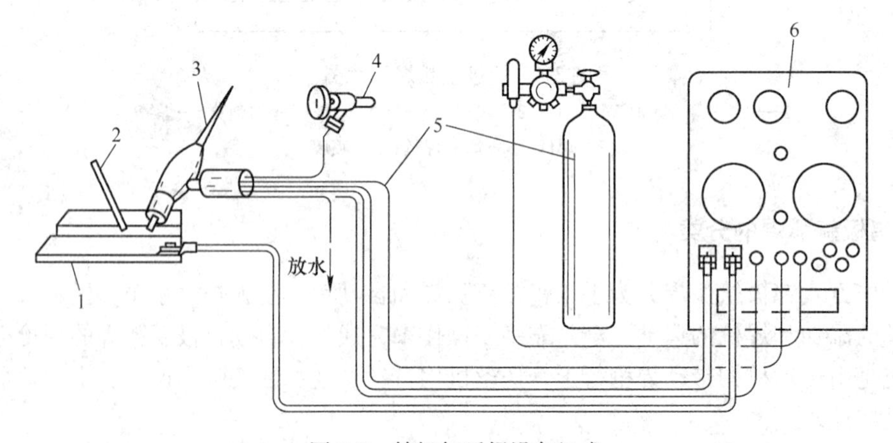

图3-2 钨极氩弧焊设备组成

1—焊件；2—焊丝；3—焊枪；4—冷却系统；5—供气系统；6—焊接电源（控制箱）

3.1.4.1 焊接电源

TIG 焊焊接电源有直流、交流或交直流两用三种电源形式。不论是直流还是交流电源，都采用陡降外特性或垂直陡降外特性电源，其目的是保证在弧长变化时尽量减小焊接电流的波动，保证焊缝的熔深均匀。

3.1.4.2 引弧及稳弧装置

TIG 焊的引弧及稳弧装置通常置于控制箱内，其引弧方法有下列三种：

（1）接触引弧。指钨极与引弧板或焊件接触引燃电弧的方法。其缺点是钨板易磨损并可能在焊缝中产生夹钨现象。

（2）高频引弧。利用高频振荡器产生的高频高压击穿钨极与焊件之间的气体间隙（约 3mm），而引燃电弧。

（3）高压脉冲引弧。在钨极与焊件之间加一个高压脉冲，使两极间气体介质电离而引燃电弧。

3.1.4.3 焊枪

TIG 焊焊枪按冷却方式分为气冷（QQ）和水冷（QS）两种形式，如图 3-3、图 3-4 所示。前者供小电流焊接使用（<150A），结构简单，使用灵巧；后者因带有水冷系统，所以结构较复杂，焊枪较重，主要供电流大于 150A 时使用。它们都是由喷嘴、电极夹头、枪体、电极帽、手柄及控制开关等组成。

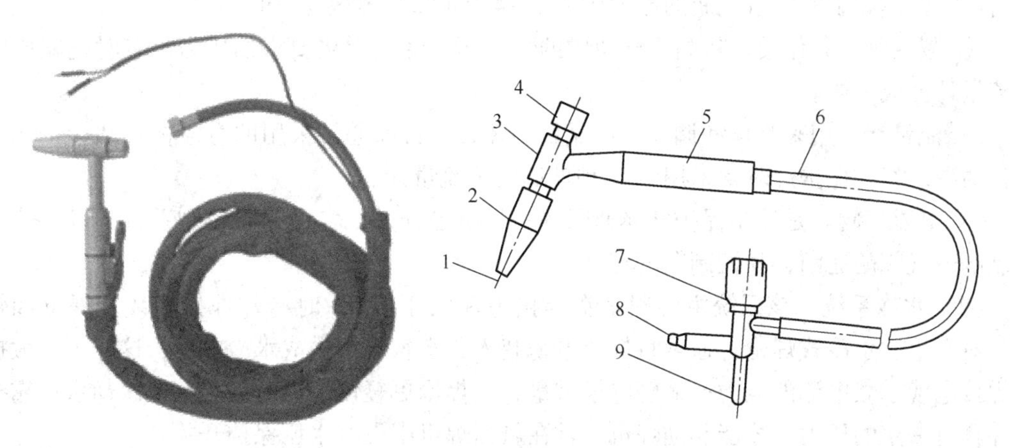

图 3-3　气冷式氩弧焊枪

1—钨极；2—陶瓷喷嘴；3—枪体；4—短帽；5—手把；6—电缆；
7—气体开关手轮；8—通气接头；9—通电接头

TIG 焊枪的功能与要求如下：

（1）能可靠夹持电极。

（2）具有良好的导电性。

（3）能及时输送保护气体。

（4）具有良好的冷却性能。

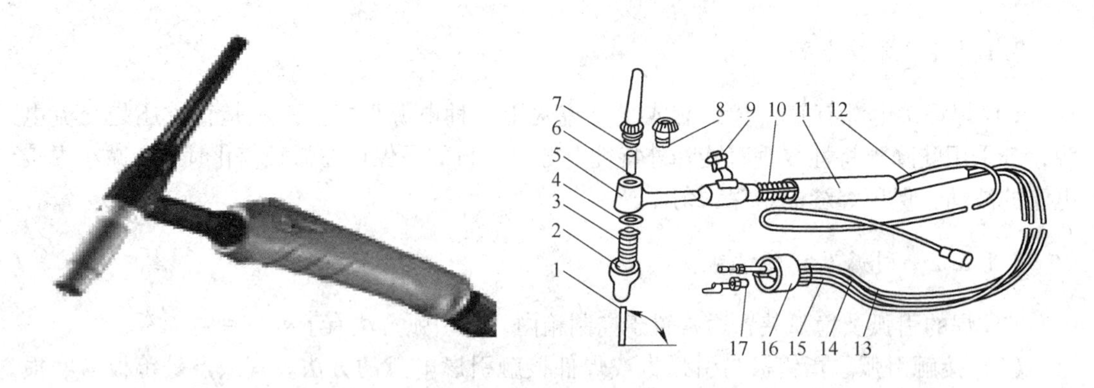

图 3-4　水冷式氩弧焊枪

1—钨极；2—陶瓷喷嘴；3—导流件；4，8—密封圈；5—枪体；6—钨极夹头；7—盖帽；9—船形开关；10—扎线；11—手把；12—插圈；13—进气皮管；14—出水皮管；15—水冷缆管；16—活动接头；17—水电接头

（5）可达性好、适用范围广。

（6）结构简单、重量轻、使用可靠、维修方便。

3.1.4.4　供气和水冷系统

（1）供气系统。供气系统主要由氩气瓶、减压阀、流量计和电磁气阀组成。

1）氩气瓶。氩气瓶外表涂为灰色，并标有“氩气”字样。氩气在钢瓶中呈气态，使用时不需预热和干燥。氩气瓶的最大压力为 14700kPa，容积为 40L。

2）减压阀。其作用是将高压气瓶中的气体压力降至焊接要求的压力。有时把减压阀和流量计做成一体。

3）流量计。用来测量和调节气体流量的装置。目前通常采用的有浮标式和转子式流量计两种。气体保护焊时常采用 LZB 型玻璃转子流量计。

4）电磁气阀。是控制保护气体通断的一种电磁开关。它受控于控制系统，以电信号控制电磁气阀的通断，其控制精度较高。

（2）水冷系统。该系统主要用来在焊接电流大于 150A 时冷却焊接电缆、焊枪和钨棒。对于手工水冷式焊枪，通常将焊接电缆装入通水软管中做成水冷电缆，这样可大大提高焊接电缆承载电流的能力，减轻电缆重量，使焊枪更轻便。同时为了保证冷却水可靠接通并具有一定的压力时才能起动焊机，常在氩弧焊机中设有水压保护开关。

3.1.4.5　控制系统

控制系统由引弧器、稳弧器、行车（或转动）速度控制器、程序控制器、电磁气阀和水压开关等构成。一般通过控制系统正常工作达到如下目的：

（1）控制电源的通断。

（2）焊前提前供气 1.5～4s，焊后滞后停气 5～15s，以保护钨极和引弧、熄弧处的焊缝。

（3）自动控制引弧器、稳弧器的起动和停止。

（4）焊接结束前电流能自动衰减，以消除弧坑和防止弧坑开裂，对于环缝焊接及热裂纹敏感材料尤为重要。

3.2 钨极氩弧焊工艺

3.2.1 钨极氩弧焊主要规范参数

手工钨极氩弧焊的主要焊接参数有钨极直径、焊接电流、电弧电压、焊接速度、电源种类、钨极的伸出长度、喷嘴直径、喷嘴与焊件间的距离及氩气流量等。

3.2.1.1 焊接电流

通常根据焊件的材质、厚度和接头的空间位置选择焊接电流。过大或过小的焊接电流都会使焊缝成形不良或产生焊接缺陷。

当焊接电流增加时，熔深增大，焊缝宽度与余高稍增加，但增加得很少；当焊接电流太大时，一定直径的钨极上电流密度相应很大，使钨极端部温度升高达到或超过钨极的熔点。此时，可看到钨极端部出现熔化现象，端部很亮；当焊接电流继续增大时，熔化了的钨极在端部形成了一个小尖状突起，逐渐变大形成熔滴，电弧随熔滴尖端飘移，很不稳定，不仅破坏了氩气保护区，使熔池被氧化，焊缝成形不好，而且熔化的钨落入熔池后将产生夹钨缺陷。另外，太大的焊接电流还容易产生焊穿和咬边。

当焊接电流很小，由于一定直径的钨极上电流密度低，钨极端部的温度不够，电弧会在钨极端部不规则飘移，电弧很不稳定，破坏保护区，熔池被氧化。

当焊接电流合适时，电弧非常稳定。表3-1给出了不同直径、不同牌号钨极允许的电流范围。

表 3-1 不同直径、不同牌号钨极允许的电流范围

钨极直径/mm	焊接电流/A			
	交流		直流正接	直流反接
	W	WTh	W、WTh	W、WTh
0.5	5~15	5~20	5~20	—
1.0	10~60	15~80	15~18	—
1.6	50~100	70~150	70~150	10~20
2.5	100~160	140~235	150~250	15~30
3.2	150~210	225~325	250~400	25~40
4.0	200~275	300~425	400~500	40~55
5.0	250~350	400~525	500~800	55~80

3.2.1.2 钨极直径

钨极直径应根据工件厚度、焊接电流大小和电源极性而定，如果钨极直径选择不当，将造成电弧不稳定、钨棒烧损严重和焊缝夹钨。当钨极直径太细时，将产生如焊接电流太大时的现象；当钨极直径太粗时，将产生如焊接电流太小时的现象。

从表 3-1 可以看出，同一直径的钨极，在不同的电源和极性条件下，允许使用的电流范围不同。相同直径的钨极，直流正接时许用的电流最大；直流反接时许用的电流最小；交流时许用电流介于二者之间。当电流种类和大小变化时，为了保持电弧稳定，应将钨极端部磨成不同形状，如图 3-5 所示。

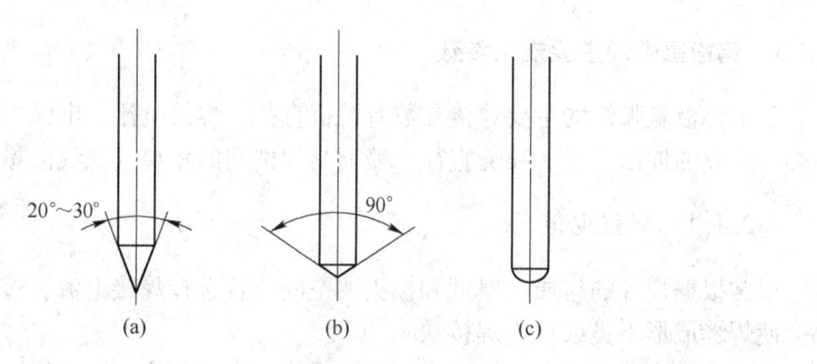

图 3-5　钨极示意图

3.2.1.3　电弧电压

电弧电压主要是由弧长决定的，弧长增加，焊缝宽度增加，熔深稍减小。但电弧太长时，容易引起未焊透，并使氩气保护效果变差。但电弧也不能太短，电弧太短时，很难看清熔池，而且送丝时也容易碰到钨极引起短路，使钨极受到污染，加大钨极烧损，还容易造成焊缝夹钨，通常使弧长近似等于钨极直径。

3.2.1.4　焊接速度

氩气保护是柔性的，当遇到侧向空气吹动或焊速太快时，氩气气流会弯曲，保护效果减弱。同时，焊接速度会显著影响焊缝成形。焊接速度增加时，熔深和熔宽均减小，焊接速度太快时，容易产生未焊透，焊缝高而窄，两侧熔合不好；焊接速度太慢时，焊缝很宽，还可能产生焊漏、烧穿等缺陷。

手工钨极氩弧焊时，通常都是操作者根据熔池的大小、熔池的形状和两侧熔合情况随时调整焊接速度。

选择焊接速度时，应考虑以下因素：

(1) 在焊接铝及铝合金、高导热性金属时，为减小焊接变形，应采用较快的焊接速度。

(2) 在焊接有裂纹倾向的金属时，不能采用高速焊接。

(3) 在非平焊位置焊接时，为保证较小的熔池，避免液态金属的流失，尽量选择较快的焊速。

3.2.1.5　焊接电源的种类和极性的选择

氩弧焊采用的电源种类和极性选择与所焊金属及其合金种类有关。有些金属只能用直流正极性或反极性焊接，有些交直流都可以使用，因而需根据不同材料选择电源和极性，见表 3-2。

表 3-2　焊接电源种类和极性的选择

电源种类与极性	被焊金属材料
直流正极性	低合金高强钢、不锈钢、耐热钢、铜、钛及其合金
直流反极性	适用各种金属的熔化极氩弧焊，钨极氩弧焊极少用
交流电源	铝、镁及其合金

采用直流正接时，工件接正极，温度较高，适用于焊厚件及散热快的金属，钨棒接负极温度低，可使用较大的焊接电流，且钨极烧损小；采用交流电源焊接时，具有阴极破碎作用，即焊件为负极，钨极为正极的半周波里，因受到正离子的轰击，焊件表面的氧化膜破裂，使液态金属容易熔合在一起，通常都用来焊接铝、镁及其合金。

3.2.1.6　喷嘴的直径

喷嘴直径（指内径）越大，保护区范围越大，但要求保护气的流量也越大。且喷嘴直径过大时，还会使焊缝位置受到限制，给操作带来不便。喷嘴直径可按以下公式选择：

$$D = (2.5 \sim 3.5) d_w$$

式中　D——喷嘴直径，mm；

　　d_w——钨极直径，mm。

3.2.1.7　气体流量的选择

随着焊接速度和弧长的增加，氩气流量也应增加；喷嘴直径和钨极长度增加，氩气流量也相应增加；气体流量太小时，保护气流软弱无力，保护效果不好；氩气流量太大时，容易产生紊流，保护效果也不好；只有保护气流合适时，喷出的气流是层流，保护效果好。可按下式计算氩气的流量：

$$Q = (0.8 \sim 1.2) D$$

式中　Q——氩气流量，L/min；

　　D——喷嘴直径，mm。

D 小时 Q 取下限；D 大时 Q 取上限。

实际工作中，通常通过试焊来选择流量，流量合适时，熔池平稳，表面明亮，没有渣，焊缝外形美观，表面没有氧化痕迹；当流量不合适时，熔池表面上有渣，焊缝表面发黑或有氧化皮。另外，不同的焊接接头形式使氩气流的保护作用也不同。对接接头和 T 形接头焊接时，具有良好的保护效果，如图 3-6（a）所示。焊接这类焊件时，不必采取其他工艺措施；而进行 T 形接头焊接时，保护效果最差，如图 3-6（b）所示，在焊接这类接头时，除增加氩气流量外，还应加挡板，如图 3-6（c）所示。

手工钨极氩弧焊焊接各种不同金属材料，看焊缝颜色可以区别氩气保护的效果见表 3-3~表 3-6。

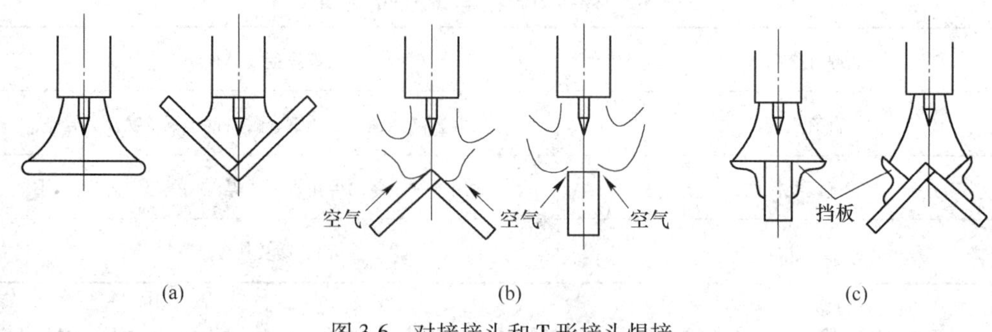

图 3-6 对接接头和 T 形接头焊接

表 3-3 焊缝颜色区别氩气保护效果（不锈钢）

焊缝颜色	银白金黄	蓝	红灰	灰	黑
保护效果	最好	良好	较差	不好	最坏

表 3-4 焊缝颜色区别氩气保护效果（铝及铝合金）

焊缝颜色	银白有光亮	白色无光亮	灰白	灰黑
保护效果	最好	较好（氩气大）	不好	最坏

表 3-5 焊缝颜色区别氩气保护效果（铜及铜合金）

焊缝颜色	金黄	黄	灰黄	灰黑
保护效果	最好	良好	不好	最坏

表 3-6 焊缝颜色区别氩气保护效果（低碳钢）

焊缝颜色	灰白有光亮	灰	灰黑
保护效果	好	较好	不好

3.2.1.8 喷嘴到工件的距离

喷嘴到工件的距离越远，保护效果越差；喷嘴到工件的距离越近，保护效果越好，但影响操作者的视线。通常喷嘴到工件的距离以 5~12mm 为宜。

3.2.1.9 钨极伸出长度

为了防止电弧烧坏喷嘴，钨极端部应突出在喷嘴以外。钨极端头至喷嘴端面的距离叫钨极伸出长度。钨极伸出长度越小，喷嘴与焊件间距离越近，保护效果越好，但过近会妨碍观察熔池。通常焊对接焊缝时，钨极伸出长度为 3~4mm 较好；焊角焊缝时，钨极伸出长度为 7~8mm 较好。

3.2.1.10 焊丝直径的选择

根据焊接电流的大小，选择焊丝直径，表 3-7 给出了它们之间的关系。

表 3-7 焊接电流与焊丝直径

焊接电流/A	焊丝直径/mm	焊接电流/A	焊丝直径/mm
10~20	≤1.0	200~300	2.4~4.5
20~50	1.0~1.6	300~400	3.0~6.0
50~100	1.0~2.4	400~500	4.5~8.0
100~200	1.6~3.0		

3.2.2 钨极氩弧焊安全操作技术

钨极氩弧焊由于采用氩气保护金属熔池，利用高频电来引燃电弧，在焊接过程中会产生下列有害因素。

（1）高频磁场。

（2）放射线（钍钨极含有1%~2%的钍产生的微量放射线）。

（3）紫外线（是电弧的一种光线）辐射，氩弧焊接时，由于电流密度大、温度高，所以比一般电弧焊接的紫外线辐射要强得多，容易引起电光眼炎和皮肤露出部分脱皮。

在有色金属的氩弧焊接中还会产生少量的金属烟尘、臭氧和氮氧化物。

以上都是对人的身体有影响的，但是决定的因素是人不是物，只要我们认真学习，了解和掌握氩弧焊的规律，采取有效的预防措施，以上危害是可以解决的。

3.2.2.1 个人卫生措施

（1）“预防为主”是安全生产的指导方针。在焊接工作中，要预防和减少氩弧焊中的有害因素对人体的影响，必须加强卫生、安全的管理。

（2）氩弧焊工在打磨钨极时，必须有抽排风装置将钨极粉末有害烟尘和臭氧排出；要把工作服、手套、口罩穿戴好；吃饭前必须洗手。

（3）氩弧焊工由于工作的特殊性，因此要设法改善劳动条件，如一台焊机应配备两名焊工轮换操作，以改善劳动强度。

（4）氩弧焊工要作定期健康检查，并根据需要服用多种维生素，如维生素 B_6、B_{12}等药物。

（5）只要注意作好防护工作，氩弧焊工的身体健康是可以保证。

3.2.2.2 安全防护措施

（1）现场通风。氩弧焊操作区搞好通风是为了排出有害气体及烟尘。通风的方法有两种：

1）自然通风；

2）机械通风。

不管采用哪种通风方法，都不能影响焊接过程中氩气的保护作用。

（2）机械通风和局部通风都是用抽风机通过排风管和吸头（吸头在操作者的上方）将有害气体和烟尘排出去。

（3）个人局部通风。容器内部的焊接采用个人局部通风的效果是很好的，其方法是：

将压缩空气通过空气过滤器，然后进入送风面罩，使操作者免受有害气体和烟尘的影响。

过滤器内的水要和石子相平，水面上部的空间不得少于400m/m。底部进风应通过密集孔的花板，使空气分散。

3.2.2.3 钨极存放和使用注意事项

在直流氩弧焊接时，因使用的钨极需要锥形尖，几乎每天都要打磨几次钨极，操作者应戴好口罩、手套。砂轮机应装有吸尘设备，将磨掉的钨极粉尘排出室外，或给砂轮片加水，防止钨极粉尘进入呼吸道内。钨极应放在铅盒内保存。

3.2.2.4 关于保护用品的问题

（1）工作服。为了解决工作服容易破碎的问题，据有关厂的经验，最好是采用毛织品做工作服，因为其耐腐蚀性能强、效果好。

（2）由于氩弧焊接的特殊性，应配备皮手套和白线手套等保护用品。

（3）因氩弧焊接的光线较强，操作者最好配备反射式护目镜和比较好的白光眼镜。

复习思考题

（1）钨极氩弧焊有哪些特点？

（2）钨极氩弧焊设备由哪几部分组成？

（3）钨极氩弧焊工艺参数有哪些？

（4）常用钨极有哪几种？

4　气焊与气割

4.1　气焊

4.1.1　气焊原理

气焊是利用可燃气体与助燃气体混合燃烧后，产生的高温火焰对金属材料进行熔化焊的一种方法。如图 4-1 所示，将乙炔和氧气在焊炬中混合均匀后，从焊嘴出燃烧火焰，将焊件和焊丝熔化后形成熔池，待冷却凝固后形成焊缝连接。

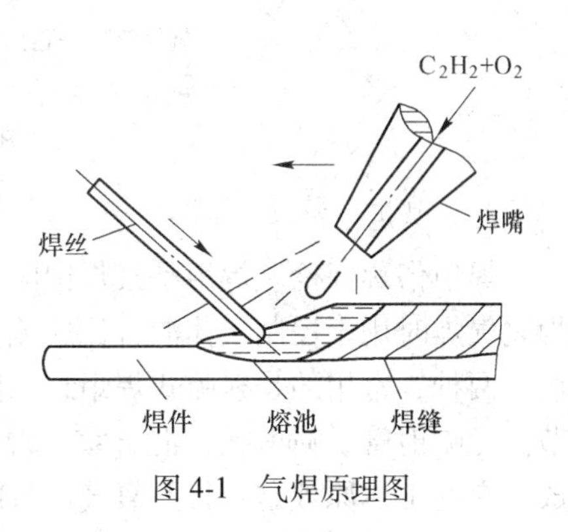

图 4-1　气焊原理图

气焊所用的可燃气体很多，有乙炔、氢气、液化石油气、煤气等，而最常用的是乙炔气。乙炔气的发热量大、燃烧温度高、制造方便、使用安全、焊接时火焰对金属的影响最小，火焰温度高达 3100~3300℃。氧气作为助燃气，其纯度越高，耗气越少。因此，气焊也称为氧-乙炔焊。

4.1.2　气焊的特点及应用

（1）气焊火焰对熔池的压力及对焊件的热输入量调节方便，故熔池温度、焊缝形状和尺寸、焊缝背面成形等容易控制。

（2）设备简单、移动方便、操作易掌握，但设备占用生产面积较大。

（3）焊距尺寸小、使用灵活，由于气焊热源温度较低、加热缓慢、生产率低、热量分散，热影响区大、焊件有较大的变形，故接头质量不高。

（4）气焊适于各种位置的焊接。适合焊接在 3mm 以下的低碳钢、高碳钢薄板、铸铁焊补以及铜、铝等有色金属的焊接。在船上无电或电力不足的情况下，气焊则能发挥更大的作用，常用气焊火焰对工件、刀具进行淬火处理，对紫铜皮进行回火处理，并矫直金属材料和净化工件表面等。此外，由微型氧气瓶和微型熔解乙炔气瓶组成的手提式或肩背式气焊气割装置，在旷野、山顶、高空作业中应用是十分简便的。

4.1.3　气焊设备

4.1.3.1　气焊设备组成

气焊所用设备主要由焊炬、输气管、减压器、回火安全器和气瓶等组成。如图 4-2 所示。

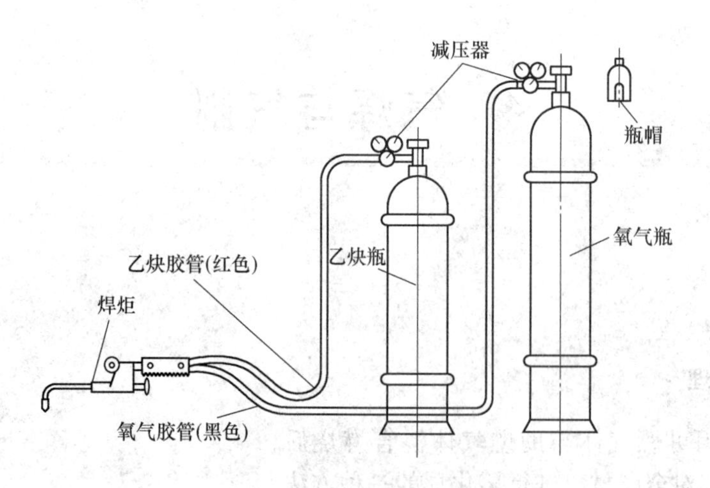

图 4-2　气焊设备组成

A　焊炬

焊炬俗称焊枪。焊炬是气焊中的主要设备，它的构造多种多样，但基本原理相同。焊炬是气焊时用于控制气体混合比、流量及火焰并进行焊接的手持工具。焊炬有射吸式和等压式两种，常用的是射吸式焊炬，如图 4-3 所示。它由主体、手柄、乙炔调节阀、氧化调节阀、喷射管、喷射孔、混合室、混合气体通道、焊嘴、乙炔管接头和氧气管接头等组成。它的工作原理是：打开氧气调节阀，氧气经喷射管从喷射孔快速射出，并在喷射孔外围形成真空而造成负压（吸力）；再打开乙炔调节阀，乙炔即聚集在喷射孔的外围；由于氧射流负压的作用，乙炔很快被氧气吸入混合室和混合气体通道，并从焊嘴喷出，形成焊接火焰。

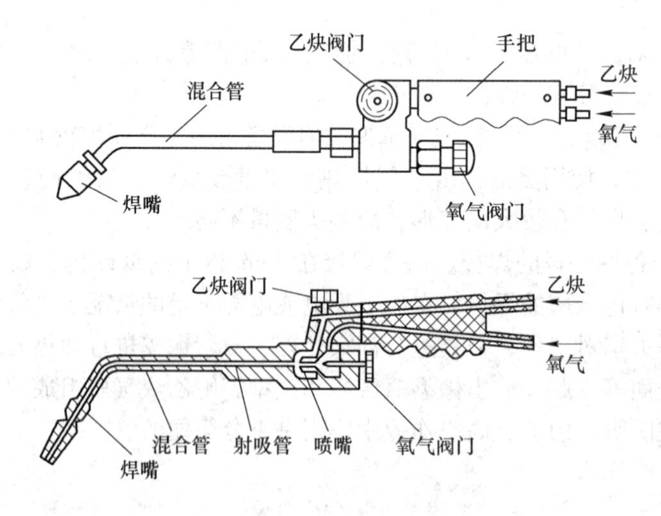

图 4-3　射吸式焊炬外形图及内部构造

射吸式焊炬的型号有 H01-2 和 H01-6 等。

各型号的焊炬均备有 5 个大小不同的焊嘴，可供焊接不同厚度的工件使用。表 4-1 为 H01 型的基本参数。

表 4-1 射吸式焊炬型号及其参数

型 号	焊接低碳钢厚度/mm	氧气工作压力/MPa	乙炔使用压力/MPa	可换焊嘴个数	焊嘴直径/mm				
					1	2	3	4	5
H01-2	0.5~2	0.1~0.25	0.001~0.10	5	0.5	0.6	0.7	0.8	0.9
H01-6	2~6	0.2~0.4			0.9	1.0	1.1	1.2	1.3
H01-12	6~12	0.4~0.7			1.4	1.6	1.8	2.0	2.2
H01-20	12~20	0.6~0.8			2.4	2.6	2.8	3.0	3.2

B 乙炔瓶

乙炔瓶是储存溶解乙炔的钢瓶。如图 4-4 所示，在瓶的顶部装有瓶阀供开闭气瓶和装减压器用，并套有瓶帽保护；在瓶内装有浸满丙酮的多孔性填充物（活性炭，木屑、硅藻土等），丙酮对乙炔有良好的溶解能力，可使乙炔安全地储存于瓶内，当使用时，溶在丙酮内的乙炔分离出来，通过瓶阀输出，而丙酮仍留在瓶内，以便溶解再次灌入瓶中的乙炔；在瓶阀下面的填充物中心部位的长孔内放有石棉绳，其作用是促使乙炔与填充物分离。

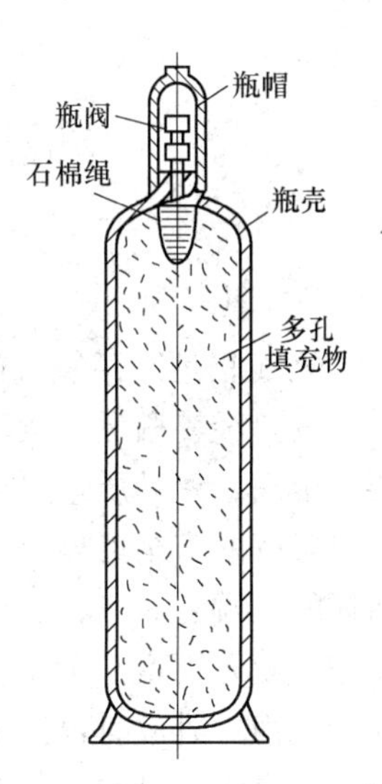

图 4-4 乙炔瓶

乙炔瓶的外壳漆成白色，用红色写明“乙炔”字样和“火不可近”字样。乙炔瓶的容量为 40L，乙炔瓶的工作压力为 1.5MPa，而输往给焊炬的压力很小，因此，乙炔瓶必须配备减压器，同时还必须配备回火安全器。

乙炔瓶一定要竖立放稳，以免丙酮流出；乙炔瓶要远离火源，防止乙炔瓶受热，因为乙炔温度过高会降低丙酮对乙炔的溶解度，而使瓶内乙炔压力急剧增高，甚至发生爆炸；乙炔瓶在搬运、装卸、存放和使用时，要防止遭受剧烈的振荡和撞击，以免瓶内的多孔性填料下沉而形成空洞，从而影响乙炔的储存。

C 回火安全器

回火安全器又称回火防止器或回火保险器，它是装在乙炔减压器和焊炬之间，用来防止火焰沿乙炔管回烧的安全装置。正常气焊时，气体火焰在焊嘴外面燃烧。但当气体压力不足、焊嘴堵塞、焊嘴离焊件太近或焊嘴过热时，气体火焰会进入嘴内逆向燃挠，这种现象称为回火。发生回火时，焊嘴外面的火焰熄灭，同时伴有爆鸣声，随后有“吱、吱”的声音。如果回火火陷蔓延到乙炔瓶，就会发生严重的爆炸事故。因此，发生回火时，回火安全器的作用是使回流的火焰在倒流至乙炔瓶以前被熄灭。同时应首先关闭乙炔开关，然后再关氧气开关。

图 4-5 所示为干式回火保险器的工作原理图。干式回火保险器的核心部件是粉末冶金制造的金属止火管。正常工作时，乙炔推开单向阀，经止火管、乙炔胶管输往焊炬。产生回火时，高温高压的燃烧气体倒流至回火保险器，由带非直线微孔的止火管吸收爆炸冲击波，使燃烧气体的扩张速度趋近于零，而透过止火管的混合气体流顶上单向阀，迅速切断乙炔源，有效地防止火焰继续回流，并在金属止火管中熄灭回火的火焰。发生回火后，不必人工复位，又能继续正常使用。

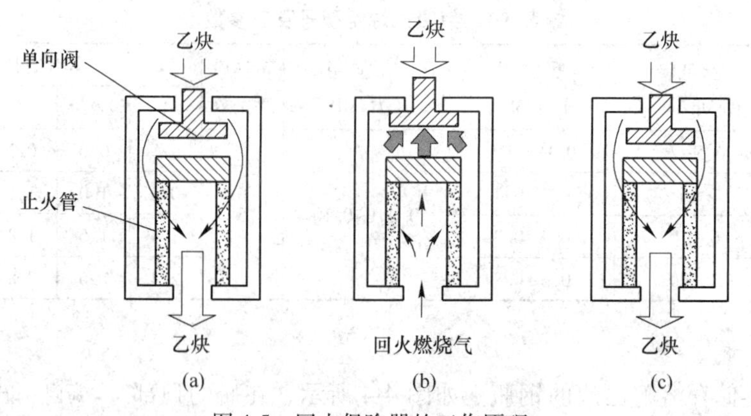

图 4-5 回火保险器的工作原理
（a）正常工作；（b）发生回火；（c）恢复正常

D 氧气瓶

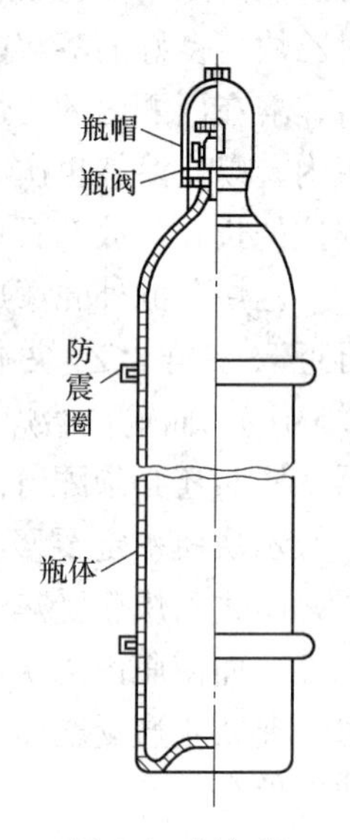

图 4-6 氧气瓶

氧气瓶是储存氧气的一种高压容器钢瓶，如图 4-6 所示。由于氧气瓶要经受搬运、滚动，甚至还要经受振动和冲击等，因此材质要求很高，产品质量要求十分严格，出厂前要经过严格检验，以确保氧气瓶的安全可靠。氧气瓶是一个圆柱形瓶体，瓶体上有防震圈；瓶体的上端有瓶口，瓶口的内壁和外壁均有螺纹，用来装设瓶阀和瓶帽；瓶体下端还套有一个增强用的钢环圈瓶座，一般为正方形，便于立稳，卧放时也不至于滚动；为了避免腐蚀和发生火花，所有与高压氧气接触的零件都用黄铜制作；氧气瓶外表漆成天蓝色，用黑漆标明“氧气”字样。氧化瓶的容积为 40L，储氧最大压力为 15MPa，但提供给焊炬的氧气压力很小，因此氧气瓶必须配备减压器。由于氧气化学性质极为活泼，能与自然界中绝大多数元素化合，与油脂等易燃物接触会剧烈氧化，引起燃烧或爆炸，所以使用氧气时必须十分注意安全，要隔离火源，禁止撞击氧气瓶，严禁在瓶上沾染油脂，瓶内氧气不能用完，应留有余量等。

E 减压器

减压器是将高压气体降为低压气体的调节装置。因此，其作用是减压、调压、量压和稳压。气焊时所需的气体工作压力一般都比较低，如氧气压力通常为 0. 2~0. 4MPa，乙炔压力最高不超过 0. 15MPa。因此，必须将氧气瓶和乙炔瓶输出的气体经减压器减压后才能使用，而且可以调节减压器的输出气体压力。

减压器的工作原理如图 4-7 所示，松开调压手柄（逆时针方向），活门弹簧闭合活门，高压气体就不能进入低压室，即减压器不工作，从气瓶来的高压气体停留在高压室的区域内，高压表量出高压气体的压力，也是气瓶内气体的压力。拧紧调压手柄（顺时针方向），使调压弹簧压紧低压室内的薄膜，再通过传动件将高压室与低压室通道处的活门顶开，使高压室内的高压气体进入低压室，此时的高压气体进行体积膨胀，气体压力得以降低，低压表可量出低压气体的压力，并使低压气体从出气口通往焊炬。如果低压室气体压力高了，向下的总压力大于调压弹簧向上的力，即压迫薄膜和调压弹簧，使活门开启的程度逐渐减小，直

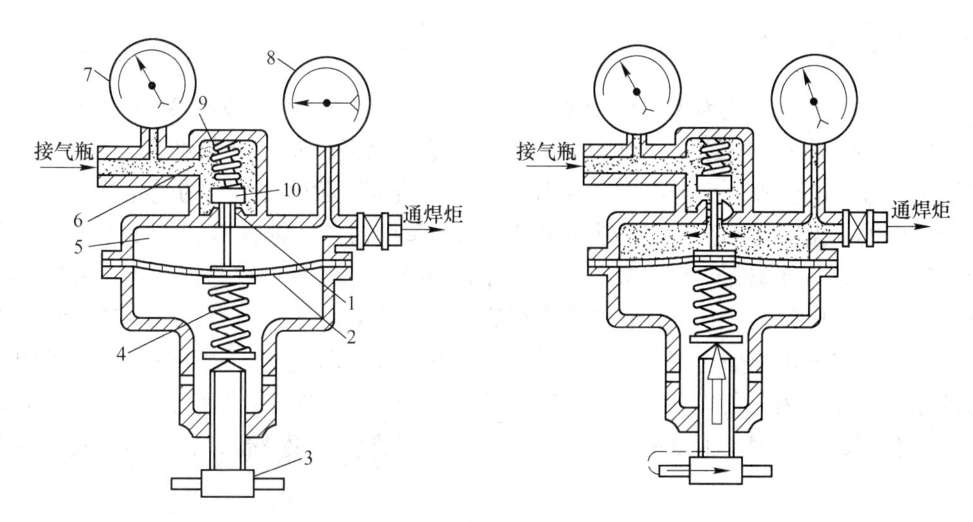

图 4-7　减压器的工作示意图

1—通道；2—薄膜；3—调压手柄；4—调压弹簧；5—低压室；6—高压室；
7—高压表；8—低压表；9—活门弹簧；10—活门

至达到焊炬工作压力时，活门重新关闭；如果低压室的气体压力低了，向上的总压力小于调压弹簧向上的力，此时薄膜上鼓，使活门重新开启，高压气体又进入到低压室，从而增加低压室的气体压力；当活门的开启度恰好使流入低压室的高压气体流量与输出的低压气体流量相等时，即稳定地进行气焊工作。减压器能自动维持低压气体的压力，只要通过调压手柄的旋入程度来调节调压弹簧压力，就能调整气焊所需的低压气体压力。

F　橡胶管

橡胶管是输送气体的管道，分氧气橡胶管和乙炔橡胶管，两者不能混用。根据我国 GB 9448—1999《焊接与切割安全》国家标准指定胶管颜色：氧气胶管为蓝色，乙炔胶管为红色；原胶管制造的国家标准（GB 2550—81 和 GB 2551—81）规定，氧气胶管为红色，乙炔胶管为黑色。氧气橡胶管的内径为 8mm，工作压力为 1.5MPa；乙炔橡胶管的内径为 10mm，工作压力为 0.5MPa 或 1.0MPa；橡胶管长一般 10~15m。

氧气橡胶管和乙炔橡胶管不可有损伤和漏气发生，严禁明火检漏。特别要经常检查橡胶管的各接口处是否紧固，橡胶管有无老化现象。橡胶管不能沾有油污等。

4.1.3.2　气焊辅助工具

（1）点火枪。气焊、气割的点火用具。

（2）护目镜。镜片颜色和深浅视焊工需要和被焊材料性质选择。

（3）辅助用具。扳手、钢丝刷、通针等。

4.1.4　气焊火焰

常用的气焊火焰是乙炔与氧混合燃烧形成的火焰，也称氧乙炔焰。根据氧与乙炔混合比的不同，氧乙炔焰可分为中性焰、碳化焰（也称还原焰）和氧化焰三种，其构造和形状如图 4-8 所示。

4.1.4.1　中性焰

氧气和乙炔的混合比为1.1~1.2时燃烧形成的火焰称为中性焰，又称正常焰。它由焰芯、内焰和外焰三部分组成，如图4-8所示。焰心靠近喷嘴孔呈尖锥形，色白而明亮，轮廓清楚，在焰心的外表面分布着乙炔分解生成的碳素微粒层，焰心的光亮就是由炽热的碳微粒发出的，温度并不很高，约为950℃。内焰呈蓝白色，轮廓不清，并带深蓝色线条而微微闪动，它与外焰无明显界限。外焰由里向外逐渐由淡紫色变为橙黄色。火焰各部分温度分布如图4-9所示。中性焰最高温度在焰心前2~4mm处，约为3050~3150℃。用中性焰焊接时主要利用内焰这部分火焰加热焊件。中性焰燃烧完全，对红热或熔化了的金属没有碳化和氧化作用，所以称为中性焰。气焊一般都可以采用中性焰。它广泛用于低碳钢、低合金钢、中碳钢、不锈钢、紫铜、灰铸铁、锡青铜、铝及合金、铅锡、镁合金等的气焊。

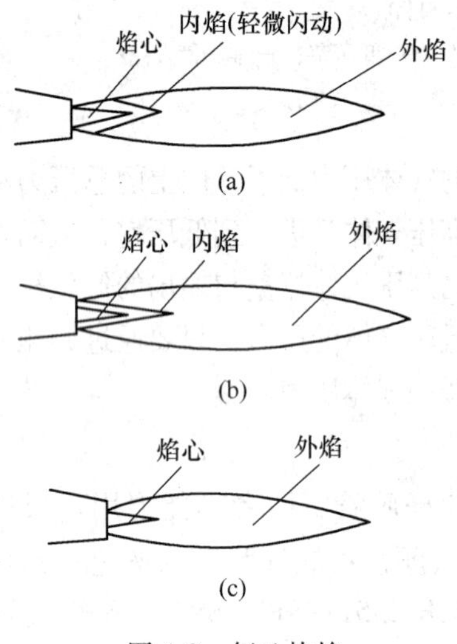

图4-8　氧乙炔焰
(a) 中性焰；(b) 碳化焰；(c) 氧化焰

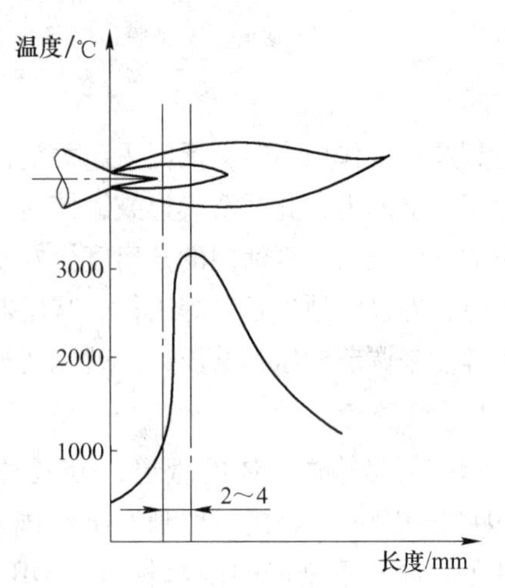

图4-9　中性焰的温度分布

4.1.4.2　碳化焰

氧气和乙炔的混合比小于1.1时燃烧形成的火焰称为碳化焰。碳化焰的整个火焰比中性焰长而软，它也由焰芯、内焰和外焰组成，而且这三部分均很明显，如图4-8（b）所示。焰心呈灰白色，并发生乙炔的氧化和分解反应；内焰有多余的碳，故呈淡白色；外焰呈橙黄色，除燃烧产物CO_2和水蒸气外，还有未燃烧的碳和氢。

碳化焰的最高温度为2700~3000℃，由于火焰中存在过剩的碳微粒和氢：碳会渗入熔池金属，使焊缝的含碳量增高，故称碳化焰，不能用于焊接低碳钢和合金钢，同时碳具有较强的还原作用，故又称还原焰；游离的氢也会透入焊缝，产生气孔和裂纹，造成硬而脆的焊接接头。因此，碳化焰只使用于高速钢、高碳钢、铸铁焊补、硬质合金堆焊、铬钢等。

4.1.4.3 氧化焰

氧化焰是氧与乙炔的混合比大于1.2时的火焰。氧化焰的整个火焰和焰心的长度都明显缩短，只能看到焰心和外焰两部分，如图4-8（c）所示。氧化焰中有过剩的氧，整个火焰具有氧化作用，故称氧化焰。氧化焰的最高温度可达3100~3300℃。使用这种火焰焊接各种钢铁时，金属很容易被氧化从而造成脆弱的焊接接头；在焊接高速钢或铬、镍、钨等优质合金钢时，会出现互不融合的现象；在焊接有色金属及其合金时，产生的氧化膜会更厚，甚至焊缝金属内有夹渣，形成不良的焊接接头。因此，氧化焰一般很少采用，仅适用于烧割工件和气焊黄铜、锰黄铜及镀锌铁皮，特别是适合于黄铜类，因为黄铜中的锌在高温极易蒸发，采用氧化焰时，熔池表面上会形成氧化锌和氧化铜的薄膜，可起到抑制锌蒸发的作用。

不论采用何种火焰气焊，喷射出来的火焰（焰芯）形状应该整齐垂直，不允许有歪斜、分叉或发生吱吱的声音。只有这样才能使焊缝两边的金属均匀加热，并正确形成熔池，从而保证焊缝质量。否则不管焊接操作技术多好，焊接质量也要受到影响。所以，当发现火焰不正常时，要及时使用专用的通针把焊嘴口处附着的杂质消除掉，待火焰形状正常后再进行焊接。

4.1.5 气焊丝和焊剂

（1）对气焊丝的要求。在气焊过程中，气焊丝的正确选用十分重要。气焊丝的要求如下：

1）焊丝的化学成分应基本与焊件母材的化学成分相匹配，并保证焊缝有足够的力学性能和其他性能。

2）焊丝表面应无油脂、锈蚀和油漆等污物。

3）焊丝应能保证必要的焊接质量，如不产生气孔、夹渣、裂纹等缺陷。

4）焊丝的熔点应等于或略低于被焊金属的熔点。

（2）气焊丝的种类。常用的有碳素钢、低合金钢、不锈钢、铸铁和铝、铜及其合金焊丝。

（3）对气焊剂的要求。为了防止金属的氧化以及消除已经形成的氧化物和其他杂质，在焊接有色金属材料时，必须采用气焊熔剂。常用的气焊熔剂有不锈钢及耐热钢气焊熔剂、铸铁气焊熔剂、铜气焊熔剂、铝气焊熔剂。

1）气焊剂应具有很强的反应能力，即能迅速溶解一些氧化物或与一些高熔点化合物作用后，生成新的低熔点和易挥发的化合物。

2）气焊剂熔化黏度要小，流动性要好，产生的熔渣熔点要低，密度宜小，熔化后容易浮于熔池表面。

3）能减少熔化金属的表面张力，使熔化的金属与焊件更容易熔合。

4）不应对焊件有腐蚀等副作用，生成的焊渣要容易清除等。

（4）气焊溶剂的分类。按作用不同可分为化学作用气焊溶剂和物理作用气焊溶剂两类。

1）化学作用气焊溶剂：

酸性气焊溶剂：硼砂、硼酸、二氧化硅。用途：焊铜、铜合金或合金钢。

碱性气焊溶剂：碳酸钾、碳酸钠。用途：焊接铸铁。

选用原则：根据熔池内产生氧化物的性质来选择，如氧化物是碱性的，则选用酸性的气焊溶剂。

2）物理作用气焊溶剂。如氯化钾、氯化钠、氯化锂、氟化钾、氟化钠及硫酸氢钠。

用途：焊接铝及铝合金。

原理：焊剂在熔化状态下能大量地吸收铝及铝合金焊接时在熔池中形成的高熔点氧化物——三氧化二铝。

4.1.6 气焊工艺参数

气焊的焊接工艺参数包括焊丝的牌号和直径、熔剂、火焰种类、火焰能率、焊炬型号和焊嘴的号码、焊嘴倾角和焊接速度等。由于焊件的材质、气焊的工作条件、焊件的形状尺寸和焊接位置、气焊工的操作习惯和气焊设备等不同，所选用的气焊焊接工艺参数不尽相同。

下面对一般的气焊工艺参数及其对焊接质量的影响分别进行说明。

4.1.6.1 焊丝直径的选择

焊丝的直径应根据焊件的厚度、坡口的形式、焊缝位置、火焰能率等因素确定。在火焰能率一定时，即在焊丝熔化速度确定的情况下，如果焊丝过细，则焊接时往往在焊件尚未熔化时焊丝已熔化下滴，这样，容易造成熔合不良和焊波高低不平、焊缝宽窄不一等缺陷；如果焊丝过粗，则熔化焊丝所需要的加热时间就会延长，同时增大了对焊件的加热范围，使工件焊接热影响区增大，容易造成组织过热，降低焊接接头的质量。

焊丝直径常根据焊件厚度初步选择，试焊后再调整确定。碳钢气焊时焊丝直径的选择可参照表4-2。

表4-2 焊件厚度与焊丝直径的关系 (mm)

工件厚度	1.0~2.0	2.0~3.0	3.0~5.0	5.0~10.0	10.0~15.0
焊丝直径	1.0~2.0 或不用焊丝	2.0~3.0	3.0~4.0	3.0~5.0	4.0~6.0

在多层焊时，第一、二层应选用较细的焊丝，以后各层可采用较粗的焊丝。一般平焊应比其他焊接位置选用粗一号的焊丝，右焊法比左焊法选用的焊丝要适当粗一些。

4.1.6.2 火焰性质的选择

一般来说，需要尽量减少元素的烧损时，应选用中性焰；对需要增碳及还原气氛时，应选用碳化焰；当母材含有低沸点元素（如锡（Sn）、锌（Zn）等）时，需要生成覆盖在熔池表面的氧化物薄膜，以阻止低熔点元素蒸发，应选用氧化焰。总之，火焰性质选择应根据焊接材料的种类和性能。

由于气焊焊接质量和焊缝金属的强度与火焰种类有很大的关系，因而在整个焊接过程中应不断地调节火焰成分，保持火焰的性质，从而获得质量好的焊接接头。

4.1.6.3 火焰能率的选择

火焰能率指单位时间内可燃气体（乙炔）的消耗量，单位为L/h。火焰能率的物理意义是单位时间内可燃气体所提供的能量。

火焰能率的大小是由焊炬型号和焊嘴号码大小决定的。焊嘴号越大火焰能率也越大。所以火焰能率的选择实际上是确定焊炬的型号和焊嘴的号码。火焰能率的大小主要取决于氧、乙炔混合气体中，氧气的压力和流量（消耗量）及乙炔的压力和流量（消耗量）。流量的粗调通过更换焊炬型号和焊嘴号码实现；流量的细调通过调节焊炬上的氧气调节阀和乙炔调节阀来实现。

火焰能率应根据焊件的厚度、母材的熔点和导热性及焊缝的空间位置来选择。如焊接较厚的焊件，熔点较高的金属，导热性较好的铜、铝及其合金时，就要选用较大的火焰能率，才能保证焊件焊透；反之，在焊接薄板时，为防止焊件被烧穿，火焰能率应适当减小。平焊缝可比其他位置焊缝选用稍大的火焰能率。在实际生产中，在保证焊接质量的前提下，应尽量选择较大的火焰能率。

4.1.6.4　焊嘴倾斜角的选择

焊嘴的倾斜角是指焊嘴中心线与焊件平面之间的夹角，如图 4-10 所示。焊嘴的倾斜角度的大小主要是由焊嘴的大小、焊件的厚度、母材的熔点和导热性及焊缝空间位置等因素综合决定的。当焊嘴倾斜角大时，因热量散失少，焊件得到的热量多，升温就快；反之，热量散失多，焊件受热少，升温就慢。

一般低碳钢气焊时，焊嘴的倾斜角度与工件厚度的关系如图 4-10 所示。一般说来，在焊接工件的厚度大、母材熔点较高或导热性较好的金属材料时，焊嘴的倾斜角要选得大一些；反之，焊嘴倾斜角可选得小一些。

焊嘴的倾斜角度在气焊的过程中还应根据施焊情况进行变化。如在焊接刚开始时，为了迅速形成熔池，采用焊嘴的倾斜角度可为 80°～90°；当焊接结束时，为了更好地填满弧坑和避免焊穿或使焊缝收尾处过热，应将焊嘴适当提高，焊嘴倾斜角度逐渐减小，并使焊嘴对准焊丝或熔池交替加热。

在气焊过程中，焊丝对焊件表面的倾斜角一般为 30°～40°，与焊嘴中心线的角度为 90°～100°，如图 4-11 所示。

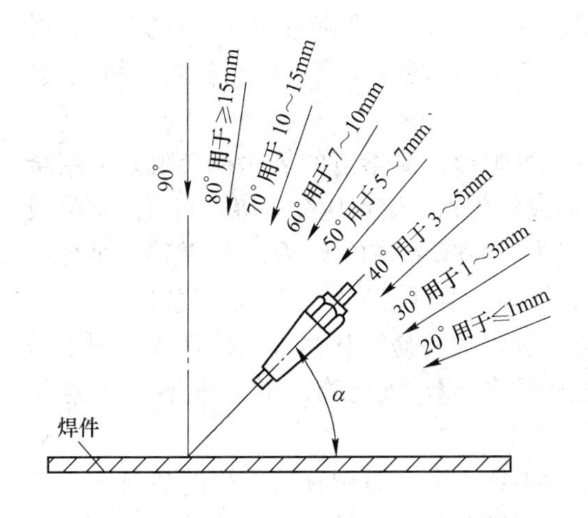

图 4-10　焊嘴倾斜角与焊件厚度的关系

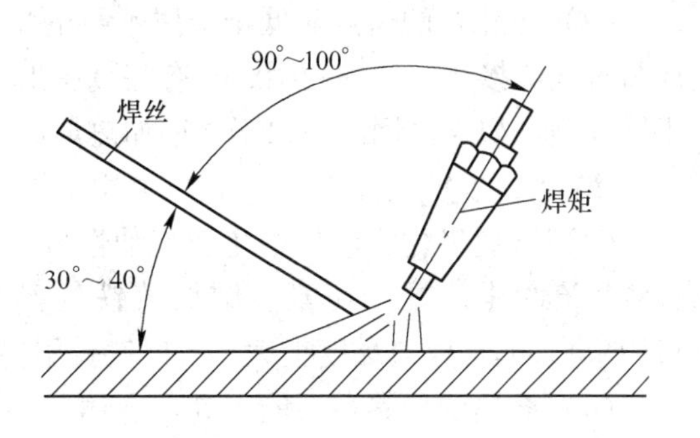

图 4-11　焊嘴与焊丝的相对位置

4.1.6.5　焊接速度的选择

焊接速度应根据焊工的操作熟练程度，在保证焊接质量的前提下，尽量提高焊接速度，以减少焊件的受热程度并提高生产率。一般说来，对于厚度大、熔点高的焊件，焊接速度要慢些，以避免产生未熔合的缺陷；而对于厚度薄、熔点低的焊件，焊接速度要快些，以避免产生烧穿和使焊件过热而降低焊接质量。

4.2　气割

4.2.1　气割的原理及应用特点

气割即氧气切割。它是利用割炬喷出乙炔与氧气混合燃烧的预热火焰，将金属的待切割处预热到它的燃烧点（红热程度），并从割炬的另一喷孔高速喷出纯氧气流，使切割处的金属发生剧烈的氧化，成为熔融的金属氧化物，同时被高压氧气流吹走，从而形成一条狭小整齐的割缝使金属割开，如图 4-12 所示。因此，气割包括预热、燃烧、吹渣三个过程。

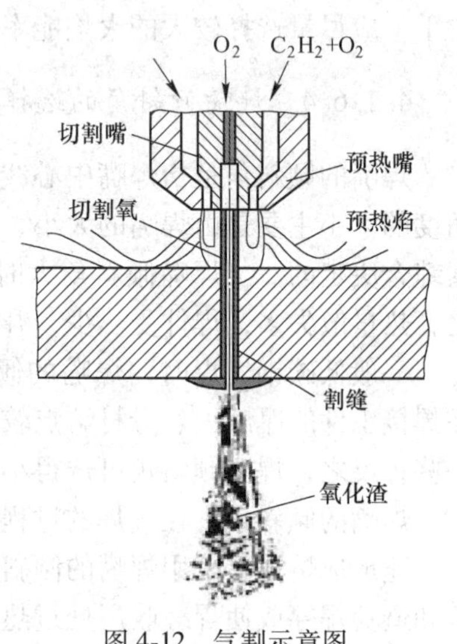

图 4-12　气割示意图

气割原理与气焊原理在本质上是完全不同的，气焊是熔化金属，而气割是金属在纯氧中的燃烧（剧烈的氧化），故气割的实质是“氧化”并非“熔化”。由于气割所用设备与气焊基本相同，而操作也有近似之处，因此常把气割与气焊在使用上和场地上都放在一起。根据气割原理，对气割的金属材料必须满足下列条件。

（1）金属熔点应高于燃点（即先燃烧后熔化）。在铁碳合金中，碳的含量对燃点有很大影响，随着含碳量的增加，合金的熔点降低而燃点提高，所以含碳量越大，气割越困难。例如低碳钢熔点为 1528℃，燃点为 1050℃，易于气割。但含碳量为 0.7%的碳钢，燃点与熔点差不多，都为 1300℃；当含碳量大于 0.7%时，燃点则高于熔点，故不易气割。铜、铝的燃点比熔点高，故不能气割。

（2）氧化物的熔点应低于金属本身的熔点。否则形成高熔点的氧化物会阻碍下层金属与氧气流接触，使气割困难。有些金属由于形成氧化物的熔点比金属熔点高，故不易或不能气割。如高铬钢或铬镍不锈钢加热形成熔点为 2000℃左右的 Cr_2O_3，铝及铝合金形成熔点 2050℃的 Al_2O_3，所以它们不能用氧乙炔焰气割，但可用等离子气割法气割。

（3）金属氧化物应易熔化和流动性好。金属氧化物应易熔化和流动性好，否则不易被氧气流吹走，难于切割。例如铸铁气割生成很多 SiO_2 氧化物，不但难熔（熔点约 1750℃），而且熔渣黏度很大，所以铸铁不易气割。

（4）金属的导热性不能太高。金属的导热性不能太高，否则预热火焰的热量和切割中所发出的热量会迅速扩散，使切割处热量不足，切割困难。例如铜、铝及合金由于导热性高成为不能用一般气割法切割的原因之一。

此外金属在氧气中燃烧时应能发出大量的热量，足以预热周围的金属。其次金属中所含的杂质要少。

满足以上条件的金属材料有纯铁、低碳钢、中碳钢和低合金结构钢。而高碳钢、铸铁、高合金钢及铜、铝等非铁金属及合金，均难以气割。

与一般机械切割相比较，气割的最大优点是设备简单，操作灵活、方便，适应性强。它可以在任意位置、任何方向切割任意形状和任意厚度的工件，生产效率高，切口质量也相当好。如图4-13所示。采用半自动或自动切割时，由于运行平稳，切口的尺寸精度误差在±0.5mm以内，表面粗糙度数值 R_a 为25μm，因而在某些地方可代替刨削加工，如厚钢板的开坡口。气割在造船工业中使用最普遍，特别适用于稍大的工件和特形材料，还可用来气割锈蚀的螺栓和铆钉等。气割的最大缺点是对金属材料的适用范围有一定的限制，但由于低碳钢和低合金钢是应用最广泛的材料，所以气割的应用也就非常普及了。

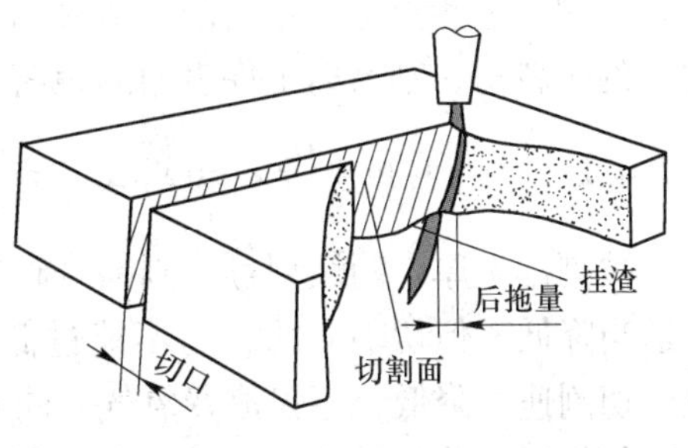

图4-13 气割状况图

4.2.2 割炬及气割过程

气割所需的设备中，氧气瓶、乙炔瓶和减压器同气焊一样。所不同的是气焊用焊炬，而气割要用割炬（又称割枪）。

割炬有二根导管：一根是预热焰混合气体管道；另一根是切割氧气管道。割炬比焊炬只多一根切割氧气管和一个切割氧阀门，如图4-14所示。此外，割嘴与焊嘴的构造也不同，割嘴的出口有两条通道，周围的一圈是乙炔与氧的混合气体出口，中间的通道为切割氧（即纯氧）的出口，二者互不相通。割嘴有梅花形和环形两种。常用的割炬型号有G01-30、G01-100和G01-300等。其中“G”表示割炬，“0”表示手工，“1”表示射吸式，“30”表示最大气割厚度为30mm。同焊炬一样，各种型号割炬均配备几个不同大小的割嘴。

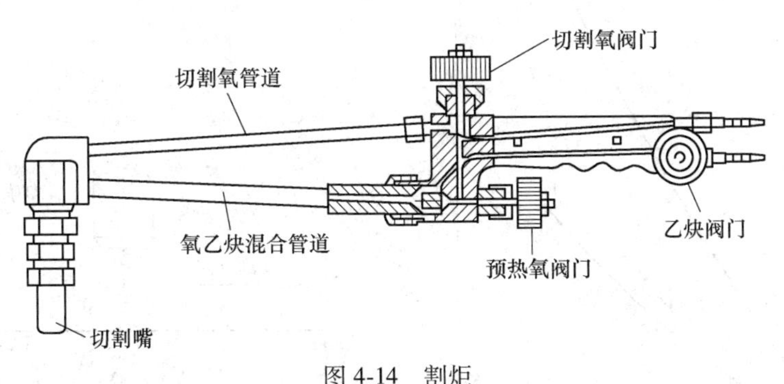

图4-14 割炬

气割过程，例如切割低碳钢工件时，先开预热氧气及乙炔阀门，点燃预热火焰，调成中性焰，将工件割口的开始处加热到高温（达到橘红至亮黄色约为1300℃）。然后打开切割氧阀门，高压的切割与割口处的高温金属发生作用，产生激烈燃烧反应，将铁烧成氧化铁，氧化铁被燃烧热熔化后，迅速被氧气流吹走，这时下一层碳钢也已被加热到高温，与氧接触后继续燃烧和被吹走，因此氧气可将金属自表面烧到底部，随着割炬以一定速度向前移动即可形成割口。

4.2.3　气割的工艺参数

气割工艺参数主要包括割炬型号和切割氧压力、气割速度、预热火焰能率、割嘴与工件间的倾斜角、割嘴离工件表面的距离等。

4.2.3.1　割炬型号和切割氧压力

被割件越厚，割炬型号、割嘴号码、氧气压力均应增大。当割件较薄时，切割氧压力可适当降低。但切割氧的压力不能过低，也不能过高。若切割氧压力过高，则切割缝过宽，切割速度降低，不仅浪费氧气，同时还会使切口表面粗糙，而且还将对割件产生强烈的冷却作用；若氧气压力过低，会使气割过程中的氧化反应减慢，切割的氧化物熔渣吹不掉，在割缝背面形成难以清除的熔渣黏结物，甚至不能将工件割穿。

除上述切割氧的压力对气割质量的影响外，氧气的纯度对氧气消耗量、切口质量和气割速度也有很大影响。氧气纯度降低，会使金属氧化过程缓慢、切割速度降低，同时氧的消耗量增加。图 4-15 所示为氧气纯度对气割时间和氧气消耗量的影响曲线，在氧气纯度为 97.5%~99.5%的范围内，氧气纯度每降低 1%，气割 1m 长的割缝，气割时间将增加 10%~15%；氧气消耗量将增加 25%~35%。

4.2.3.2　气割速度

一般气割速度与工件的厚度和割嘴形式有关，工件越厚，气割速度越慢；相反，气割速度较快。气割速度由操作者根据割缝的后拖量自行掌握。所谓后拖量，是指在氧气切割的过程中，在切割面上的切割氧气流轨迹的始点与终点在水平方向上的距离，如图 4-16 所示。

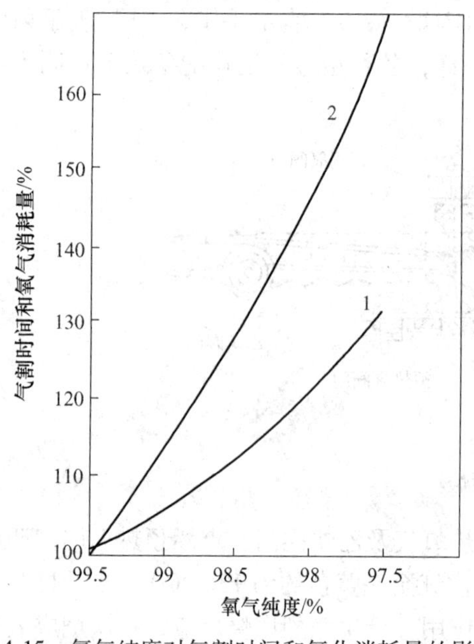

图 4-15　氧气纯度对气割时间和氧化消耗量的影响

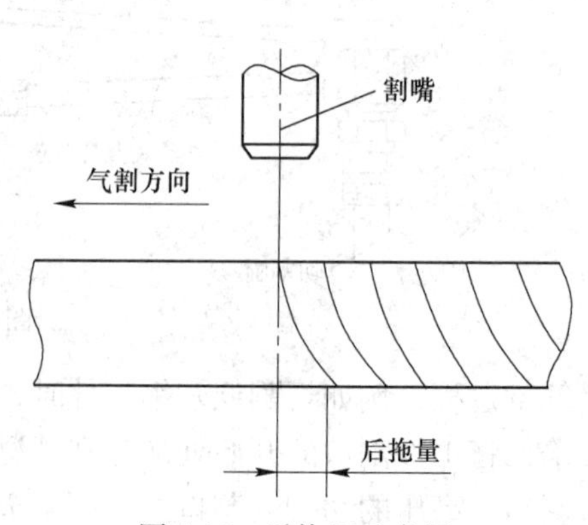

图 4-16　后拖量示意图

在气割时，后拖量总是不可避免的，尤其气割厚板时更为显著。合适的气割速度，应以使切口产生的后拖量比较小为原则。若气割速度过慢，会使切口边缘不齐，甚至产生局部熔化现象，割后清渣也较困难；若气割速度过快，会造成后拖量过大，使割口不光洁，甚至造成割不透。

总之，合适的气割速度可以保证气割质量，并能降低氧气的消耗量。

4.2.3.3　预热火焰能率

预热火焰的作用是把金属工件加热至金属在氧气中燃烧的温度，并始终保持这一温度，同时还使钢材表面的氧化皮剥离和熔化，便于切割氧流与金属接触。

气割时，预热火焰应采用中性焰或轻微氧化焰。碳化焰因有游离碳的存在，会使切口边缘增碳，所以不能采用。在切割过程中，要注意随时调整预热火焰，防止火焰性质发生变化。

预热火焰能率的大小与工件的厚度有关，工件越厚，火焰能率应越大，但在气割时应防止火焰能率过大或过小的情况发生。如在气割厚钢板时，由于气割速度较慢，为防止割缝上缘熔化，应相应使火焰能率降低；若此时火焰能率过大，会使割缝上缘产生连续珠状钢粒，甚至熔化成圆角，同时还造成割缝背面黏附熔渣增多，而影响气割质量。如在气割薄钢板时，因气割速度快，可相应增加火焰能率，但割嘴应离工件远些，并保持一定的倾斜角度；若此时火焰能率过小，使工件得不到足够的热量，就会使气割速度变慢，甚至使气割过程中断。

4.2.3.4　割嘴与工件间的倾角

割嘴倾角的大小主要根据工件的厚度来确定。一般气割 4mm 以下厚的钢板时，割嘴应后倾 25°~45°；气割 4~20mm 厚的钢板时，割嘴应后倾 20°~30°；气割 20~30mm 厚的钢板时，割嘴应垂直于工件；气割大于 30mm 厚的钢板时，开始气割时应将割嘴前倾 20°~30°，待割穿后再将割嘴垂直于工件进行正常切割，当快割完时，割嘴应逐渐向后倾斜 20°~30°。割嘴与工件间的倾角如图 4-17 所示。

割嘴与工件间的倾角对气割速度和后拖量产生直接影响，如果倾角选择不当，不但不能提高气割速度，反而会增加氧气的消耗量，甚至造成气割困难。

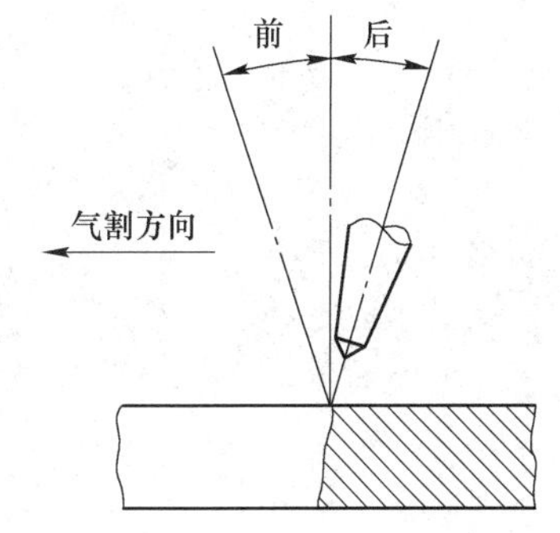

图 4-17　割嘴与工件间的倾角示意图

4.2.3.5　割嘴离工件表面的距离

通常火焰焰芯离开工件表面的距离应保持在 3~5mm 的范围内，这样，加热条件最好，而且渗碳的可能性也最小。如果焰芯触及工件表面，不仅会引起割缝上缘熔化，还会使割缝渗碳的可能性增加。

一般来说，切割薄板时，由于切割速度较快，火焰可以长些，割嘴离开工件表面的距离可以大些；切割厚板时，由于气割速度慢，为了防止割缝上缘熔化，预热火焰应短些，割嘴离工件表面的距离应适当小些，这样，可以保持切割氧流的挺直度和氧气的纯度，使切割质量得到提高。

复习思考题

（1）气焊的工艺参数有哪些?

（2）气割的工艺参数有哪些?

（3）气割的安全特点是什么?

（4）气割设备由哪几部分组成?

（5）根据火焰性质的不同，气割火焰可分为________焰、________焰和________焰三种。

5 其他焊接与切割方法

5.1 等离子弧焊接与切割

5.1.1 等离子弧的形成

等离子弧是自由电弧压缩而成的。电弧通过水冷喷嘴，限制其直径的作用称为机械压缩。水冷内温度较低，紧贴喷嘴内壁的温度也极低，形成一定厚度的冷气膜，冷气膜进一步迫使弧柱截面减少的作用称为热压缩。弧柱截面的缩小，使电流密度大为提高，增强了磁收缩效应，称为磁压缩。在三种压缩的作用下，能量集中、温度高、焰流速度大。这些特性使得等离子弧广泛应用于焊接、喷涂、堆焊及切割。

5.1.2 等离子弧的特点

由于等离子弧的特性，与 TIG（钨极氩弧焊）相比，有以下特点：

(1) 等离子弧能量集中、温度高，对于大多数金属在一定厚度范围内都能获得小孔效应，可以得到充分熔透、反面成形均匀的焊缝。

(2) 电弧挺度好。等离子弧的扩散角仅 5°左右，基本上是圆柱形，弧长变化对工件上的加热面积和电流密度影响比较小，所以，等离子氩弧焊弧长变化对焊缝成型的影响不明显。

(3) 焊接速度比 TIG 快。

(4) 能焊接更细、更薄加工件。

(5) 其设备比较复杂、费用高，工艺参数调节匹配也比较复杂。

5.1.3 等离子弧的类型

按电源连接方式，等离子弧可分为非转移型、转移型和联合型三种。

(1) 非转移型等离子弧。钨极接电源负极，喷嘴接电源正极，等离子弧体产生在钨极和喷嘴之间，在离子气流压送下，弧焰从喷嘴喷出形成等离子火焰。

(2) 转移型等离子弧。钨极接电源负极，工件接电源正极，等离子弧体产生于钨极与工件之间，转移弧难以直接形成，必须先引燃非转移弧，然后才能过渡到转移弧，金属焊接、切割几乎均采用转移型弧。

(3) 混合型等离子弧。工作时，非转移型弧和转移型弧同时存在，称为联合型等离子弧。主要用于微束等离子弧焊和粉末堆焊等。

5.1.4 等离子弧焊接

(1) 按焊缝成型原理，等离子弧焊接有三种基本方法：小孔型等离子弧焊、熔透型等离子弧焊和微束等离子焊。

1）小孔型等离子弧焊接，又称为穿孔、锁孔或穿透焊。

①利用等离子弧能量密度大、电弧挺度好的特点，将焊件的焊接处完全熔透，并产生一个贯穿焊件的小孔，在表面张力的作用下，熔化金属不会从小孔中滴落下来（小孔效应），随着焊枪前移，小孔在电弧后闭锁，形成完全熔透的焊缝。

②焊接电流范围在 100~300A，适用于 2~8mm 厚度的合金钢板，可以不开坡口、背面不用衬垫进行单面焊双面成型。

2）熔透型等离子弧焊。

①当等离子气流量较小、弧柱压缩程度较弱时，等离子弧在焊接过程中只熔透焊件，但不产生小孔效应的熔焊过程称为熔透性等离子弧焊。

②主要用于薄板单面焊双面成型及焊厚板的多层焊。

3）微束等离子焊。

①采用 30A 以下的焊接电流进行熔透型等离子弧焊接称为微束型等离子焊。

②当焊接电流<10A 时，电弧不稳，但采用联合型弧焊的形式，电弧稳定性非常好。

③一般用来焊细丝和箔材，要注意工件表面清洁程度，常用放大观察系统。

（2）等离子弧焊设备。

1）焊接电源：

①具有下降或徒降特性的电源的整流电源或弧焊发电机，均可作为等离子弧焊接电源。

②用 Ar 作离子气时，电源空载电压只需 65~80V。用 H_2+ Ar 作离子时，电源空载电压只需 110~120V。

③大电流等离子都采用等离子弧，用高频引燃非转移弧，然后转移成转移弧。30A 以下小电流微束等离子弧焊接用混合型弧。

④常用 LH-30 小电流等离子弧焊机，空载电压 135V，低弧电流 2A，可焊 0.1~1mm 工件。

2）气路系统：

①气路系统分别供给可调节离子气、保护气、背面保护气。

②为保证引弧和吸弧处焊接质量，离子气可分两路供给，其中一路可经气阀放空，以实现离子气流衰减控制。

3）控制系统。手工离子弧焊机控制系统简单，只保证先通过离子气和保护气，然后引弧即可。

自动等离子弧焊机控制系统通常由高频发生器，小车引走，填充焊口。

递进拖动电路及程控电路组成。程控电路应能满足提高送气，高频引弧和转弧、递增延迟行走，电流和气流衰减熄弧、延迟停气等控制要求。

（3）等离子弧焊接工艺参数。

1）离子气流量。当喷嘴孔径确定后，离子气流大小视焊接电流和焊接速度而定，其流量直接影响熔透能力，为了形成稳定的小孔效应，必须有足够的离子气流量。

2）焊接电流。由板厚和熔透要求来确定。电流过小形成小孔；电流过大，会使熔池金属下坠，还会引起双弧现象。

3）焊接速度。其他条件一定时，焊速大，小孔直径减小，甚至消失；反之焊速过低，焊件过热，会产生背面焊缝金属下陷或熔池泄漏等缺陷。

4）喷嘴到焊件的距离。距离过大，熔透力降低；距离过小，则会造成飞溅沾污喷嘴。焊接碳钢和低合金钢时，喷嘴到焊件距离为 1.2mm。焊接其他金属时，喷嘴到焊件距离为 4.8mm，与 TIG 比，距离变化对焊接质量影响不太敏感。

5）保护气体流量。小孔型保护气体流量一般在 15~30L/min 范围内。

5.1.5 等离子弧切割

5.1.5.1 工作原理

（1）等离子弧切割是利用高温、高速和高能的等离子气流来加热和熔化被切割材料，并借助被压缩的高速气流，将熔化的材料吹除而形成狭小割口的过程。

（2）等离子靠高温熔化来切割材料，因而可切割氧-乙炔和普通电弧所不能切割的 Al、Cu、Ni、Ti 铸铁、不锈钢、高合金钢等，并能切割难熔金属和非金属，而且切割速度高、割口窄、光洁、质量好。

5.1.5.2 切割设备

（1）切割电源。

1）具有徒降的外特性曲线，要求空载电压在 150~400V 之间，水再压缩空气等离子弧切割电源空载电压可高达 600V。

2）工作电压在 80V 以上，一般采用直流电源。

3）专供等离子切割的弧焊整流器 XZG_2-400 可手工、自动切割两用。

（2）割枪。

1）一般由电极、电极夹头、喷嘴、冷却水套、中间绝缘体、气室、水路、气路馈电体等组成。

2）割枪中工作气体的通入可以是轴向通入、切线旋转吸入或者是二者组合吸入。

3）切线旋转吸入或送气对等离子弧的压缩效果更好，是最为常用的两种。

4）割枪的设计要考虑充分水冷却作用和电极容易更换。

5.1.5.3 等离子弧切割工艺

（1）气体选择。

1）等离子弧最常用的气体为 Ar、O_2、N_2+ Ar、N_2+ H_2、Ar + H_2等。

2）空气等离子切割，采用的是压缩空气。

（2）切割工艺参数。

1）切割电流。切割电流过大，易烧损电极和喷嘴，且易产生双弧，因此相应于一定的电极和喷嘴有一合适的电流。

2）空载电压。空载电压高，易于引弧，切割大厚度板材和采用双原子气体时，空载电压相应高，空载电压还与割枪结构，喷嘴至工件距离，气体流量有关。

3）切割速度。主要取决于材质、板厚、切割电压、气流种类及流量、喷嘴结构和合适的后拖量等。

4）气体流量。气体流量要与喷嘴孔径相适应，气体流量大，有利于压缩电弧；但过大，从电弧中带走的热量多，从而降低了切割能力，不利于稳弧。

5）喷嘴距工件高度。在电极内缩量一定时（通常 2~4mm），喷嘴距工件高度一般在 6~8mm，空气等离子弧切割和水再压缩等离子弧切割的喷嘴距离工件高度可略小。

5.1.6　安全防护技术

（1）防电击。等离子弧焊、割用电源空载电压高，尤其手工操作时有电击危险。因此电源在使用时必须可靠接地，凡手摸着的地方都必须有良好的绝缘。

（2）防电弧光辐射。等离子弧光较其他电弧的弧光辐射强度更大，尤其紫外线强度，故对皮肤损伤严重，操作者作业时上必须戴上良好的面罩、手套，最好加上吸紫外线的镜片，自动操作时，可在操作者与操作区设置防护、屏等。等离子切割时，可采用水中切割方法，利用水来吸收光辐射。

（3）防尘与烟气。等离子焊、割过程中有大量气化的金属蒸发，臭氧（O_3）、氮化物（NO、NO_2）及烟尘，会对操作工人的呼吸道、肺等产生严重影响。因此，切割时，应在栅格工作台下方装排风装置，也可采取水中切割法。

（4）防噪声。等离子弧会产生高强度、高频率的噪声，由其大功率切割时能量集中在 2000~8000Hz 范围内，要求操作者必须戴耳塞。可能时尽量采用自动化切割，操作者再隔音工作。也可以采用水中切割。

（5）防高频。等离子弧焊、割采用高频振荡器，引弧频率选择在 20~60kHz 较为合适，还要求接地可靠，转移弧引燃后，应立即可靠地切断高频振荡器电源。

5.2　埋弧焊

5.2.1　埋弧焊原理

埋弧焊是目前广泛使用的一种电弧焊方法。它利用电弧作为热源，焊接时电弧掩埋在焊剂层下燃烧，电弧光不外露，埋弧焊由此得名。所说的埋弧焊，在无说明情况下均指通常说的埋弧自动焊，它的电弧引燃、焊丝送进和使电弧沿焊接方向移动等过程都是由机械装置自动完成的。埋弧焊的焊接过程如图 5-1 所示。焊接时电源的两极分别接在导电嘴和焊件上，焊丝通过导电嘴与焊件接触，在焊丝周围撒上焊剂，然后启动电源，由电流经过导电嘴、焊丝与焊件构成焊接回路。

当焊丝和焊件之间引燃电弧后，电弧的热量使周围的焊剂熔化形成熔渣，部分焊剂分解、蒸发成气体，气体排开熔渣形成一个气泡，电弧就在这个气泡中燃烧。连续送入电弧的焊丝在电弧高温作用下加热熔化，与熔化的母材混合形成金属熔池。金属熔池上覆盖着一层液态熔渣，熔渣外层是未熔化的焊剂，它们一起保护金属熔池，使其与周围空气隔离，并使有碍操作的电弧光辐射不能散射出来。电弧向前移动时，电弧力将熔池中的液态金属排向后方，熔池前方的金属暴露在电弧的强烈辐射下熔化，形成新的熔池；电弧后方的熔池金属冷却凝固成焊缝，熔渣也凝固成渣壳（焊渣）覆盖在焊缝表面。由于熔渣的凝固温度低于液态金属的结晶温度，熔渣总是比液态金属凝固迟一些。这就使混入熔池的

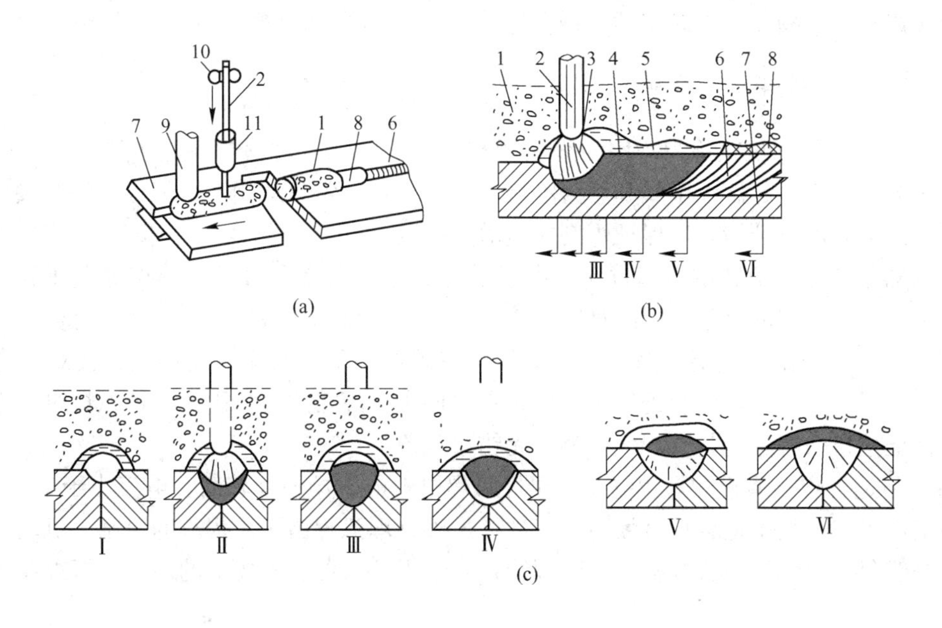

图 5-1 埋弧焊焊接过程

（a）焊接过程；（b）纵向剖面；（c）横向剖面

1—焊剂；2—焊丝；3—电弧；4—金属熔池；5—熔渣；6—焊缝；7—工件；

8—渣壳；9—焊剂漏斗；10—送丝滚轮；11—导电嘴

熔渣、熔解在液态金属中的气体和冶金反应中产生的气体能够不断逸出，使焊缝不易产生夹渣和气孔等缺陷。

5.2.2 埋弧焊的特点

5.2.2.1 埋弧焊的主要优点

（1）焊缝质量高：

1）埋弧焊的电弧被掩埋在颗粒状焊剂及其熔渣之下，电弧及熔池均处在渣相保护之中，保护效果较气渣保护的焊条电弧焊为好。

2）大大降低了焊接过程对焊工操作技能的依赖程度，焊缝化学成分和力学性能的稳定性较好。

（2）生产率高：

1）电流从导电嘴导人焊丝，与焊条电弧焊的焊条导电位置相比，导电的焊丝长度（伸出长）短而稳定，且不存在焊条药皮成分受热分解的限制，因此埋弧焊时焊接电流和电流密度均较焊条电弧焊明显提高，使其电弧功率、熔深能力、焊丝熔化速度都相应增大。在特定条件下，可实现 10～20mm 钢板一次焊透双面成型。焊接速度已可达 60～150m/h。

2）焊剂和熔渣的隔热保护作用使电弧热辐射散失极小，飞溅损失也受到有效制约，电弧热效率大大提高，因此，埋弧焊的焊接效率明显高于焊条电弧焊。

3）劳动条件好。因为埋弧焊无弧光辐射，焊工的主要作用只是操纵焊机，使埋弧焊成为电弧焊方法中操作条件较好的一种方法。

5.2.2.2　埋弧焊的主要缺点

（1）难以在空间位置施焊。因为采用颗粒状焊剂，而且埋弧焊熔池也比焊条电弧焊大得多，为保证焊剂、熔池金属和熔渣不流失，埋弧焊通常只适用于平焊位置的焊接，其他位置焊接需采用特殊措施以保证焊剂能覆盖焊接区。

（2）难以焊接易氧化的金属材料。由于焊剂的主要成分为 MnO、SiO_2 等金属和非金属氧化物，具有一定的氧化性，故难以焊接铝、镁等对氧化性敏感的金属及其合金。

（3）对焊件装配质量要求高。由于电弧埋在焊剂层下，操作人员不能直接观察电弧与坡口的相对位置，当焊件装配质量不好时易焊偏影响焊接质量。因此，埋弧焊时焊件装配必须保证接口中间隙均匀、焊件平整、无错边现象。

（4）不适合焊接薄板和短焊缝。由于埋弧焊电弧的电场强度较高，电流小于 100A 时电弧稳定性不好，故不适合焊接太薄的焊件。另外，埋弧焊由于受焊车的限制，机动灵活性差，一般只适合焊接长直焊缝或大圆焊缝；对于焊接弯曲、不规则的焊缝或短焊缝则比较困难。

5.2.3　埋弧焊的应用范围

5.2.3.1　焊缝类型和焊件厚度

凡是焊缝可以保持在水平位置或倾斜度不大的焊件，不管是对接、角接和搭接接头，都可以用埋弧焊焊接，如平板的拼接缝、圆筒形焊件的纵缝和环缝、各种焊接结构中的角接缝和搭接缝等。

埋弧焊可焊接的焊件厚度范围很大。除了厚度在 5mm 以下的焊件由于容易烧穿，埋弧焊用得不多外，较厚的焊件都适用于埋弧焊焊接。目前，埋弧焊焊接的最大厚度已达 650mm。

5.2.3.2　材料焊接种类

随着焊接冶金技术和焊接材料生产技术的发展，适合埋弧焊的材料已从碳素结构钢发展到低合金结构钢、不锈钢、耐热钢，以及某些有色金属，如镍基合金、铜合金等。此外，埋弧焊还可在基体金属表面堆焊耐磨或耐腐蚀的合金层。

铸铁一般不能用埋弧焊焊接。因为埋弧焊电弧功率大，产生的热收缩应力很大，铸铁焊后很容易形成裂纹。铝、钛及其合金因还没有适当的焊剂，目前还不能使用埋弧焊焊接。铅、锌等低熔点金属材料也不适合用埋弧焊焊接。

可以看出，适且于埋弧焊的范围是很广的。最能发挥埋弧焊快速、高效特点的生产领域，是造船、锅炉、化工容器、大型金属结构和工程机械等工业制造部门。埋弧焊是当今焊接生产中最普遍使用的焊接方法之一。

埋弧焊还在不断发展之中，如多丝埋弧焊能达到厚板一次成型；窄间隙埋弧焊可使厚板焊接提高生产效率、降低成本；埋弧堆焊能使焊件在满足使用要求的前提下节约贵重金属或提高使用寿命。这些新的、高效率的埋弧焊方法的出现，更进一步拓展了埋弧焊的应用范围。

5.2.4 埋弧焊工艺

5.2.4.1 焊前准备

埋弧焊的焊前准备包括焊件的坡口加工、焊件的清理与装配、焊丝表面清理及焊剂烘干、焊机检查与调整等工作。

A 坡口的选择

由于埋弧焊可使用较大的电流焊接，电弧具有较强穿透力，所以当焊件厚度不太大时，一般不开坡口也能将焊件焊透。但随着焊件厚度的增加，不能无限地提高焊接电流，为了保证焊件焊透，并使焊缝有良好的成型，应在焊件上开坡口，坡口可用气割或机械加工方法制备。埋弧焊焊缝坡口的基本形式已经标准化，各种坡口适用的厚度、基本尺寸和标注方法见 SB/T 986—1988 的规定。

B 焊件的清理与装配

焊件装配前，需将坡口及附近区域表面上的锈蚀、油污、氧化物、水分等清理干净。大量生产时可用喷丸处理方法，批量不大时也可用手工清理，即用钢丝刷、风动、电动砂轮或钢丝轮等进行清除；必要时还可用氧乙炔火焰烘烤焊接部位，以烧掉焊件表面的污垢和油漆，并烘干水分。机械加工的坡口容易在坡口表面污染切削用油或其他油脂，焊前也可用挥发性溶剂将污染部位清洗干净。

焊件装配时必须保证接缝间隙均匀、高低平整不错边，特别是在单面焊双面成型的埋弧焊中更应严格控制。装配时，焊件必须用夹具或定位焊缝可靠地固定。定位焊使用的焊条要与焊件材料性能相符，其位置一般应在第一道焊缝的背面，长度一般不大于 30mm。定位焊缝应平整，且不允许有裂纹、夹渣等缺陷。

C 焊丝表面清理与焊剂烘干

埋弧焊用的焊丝要严格清理，焊丝表面的油、锈及拔丝时用的润滑剂都要清理干净，以免污染焊缝造成气孔。

焊剂在运输及储存过程中容易吸潮，所以使用前应经烘干去除水分。一般焊剂须在 250℃温度下烘干，并保温 1~2h。限用直流的焊剂使用前必须经 350~400℃烘干，并保温 2h，烘干后立即使用。回收使用的焊剂要过筛清除渣壳等杂质后才能使用。

D 焊机的检查与调试

焊前应检查接到焊机上的动力线、焊接电缆接头是否松动，接地线是否连接妥当。导电嘴是易损件，一定要检查其磨损情况和是否夹持可靠。焊机要做空车调试，检查仪表指针及各部分动作情况，并按要求调好预定的焊接参数。对于弧压反馈式埋弧焊机或在滚轮架上焊接的其他焊机，焊前应实测焊接速度。测量时标出 0.5min 或 1min 内焊车移动或工件转动过的距离，计算出实际焊接速度。

起动焊机前，应再次检查焊机和辅助装置的各种开关、旋钮等的位置是否正确无误，离合器是否可靠接合。检查无误后，再按焊机的操作顺序进行焊接操作。

5.2.4.2　埋弧焊主要焊接参数的选择

埋弧焊最主要的焊接参数是焊接电流、电弧电压和焊接速度，其次是焊丝直径、焊丝伸出长度、焊剂和焊丝类型、焊剂粒度和焊剂层厚度等。

A　工艺参数对焊缝成型及质量的影响

a　焊接电流

焊接电流是埋弧焊最重要的工艺参数，它直接决定焊丝熔化速度、焊缝熔深和母材熔化量的大小。增大焊接电流使电弧的热功率和电弧力都增加，因而焊缝熔深增大，焊丝熔化量增加，有利于提高焊接生产率。焊接电流对焊缝形状的影响如图 5-2 所示。在给定焊接速度的条件下，如果焊接电流太大，焊缝会因熔深过大而熔宽变化不大造成成型系数偏小，这样的焊缝不利于熔池中气体及杂物的上浮和逸出，容易产生气孔、夹渣及裂纹等缺陷，严重时还可能烧穿焊件；太大的电流也使焊丝消耗增加，导致焊缝余高过大；电流太大还使焊缝热影响区增大并可能引起较大焊接变形。焊接电流减小时，焊缝熔深减小，生产率降低；如果电流太小，就可能造成未焊透。

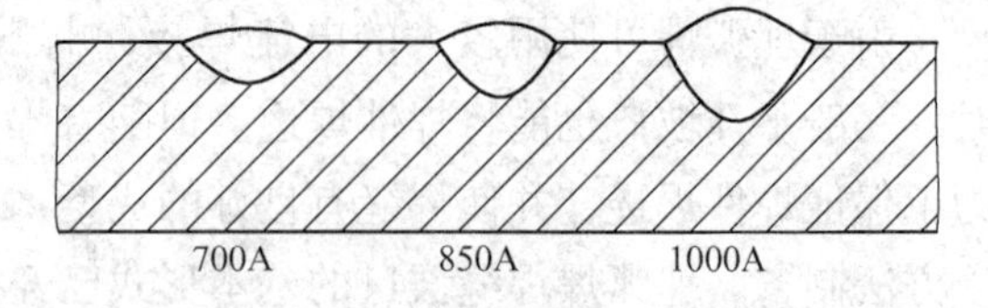

图 5-2　焊接电流对焊缝形状的影响

电流种类和极性对焊接过程和焊缝成型也有影响。当使用含氟焊剂进行埋弧焊时，焊接电弧阴极区的产热量将大于阳极区；采用直流反接时，则与前述相反，可使焊件得到较大熔深。所以从应用的角度来看，直流正接宜用于薄板焊接、堆焊及防止熔合比过大的场合；直流反接适宜于厚板焊接，以使焊件熔透。交流电源对熔深的影响介于直流正接与反接之间。

b　电弧电压

电弧电压与电弧长度成正比。电弧电压主要决定焊缝熔宽，因而对焊缝横截面形状和表面成型有很大影响。提高电弧电压时弧长增加，电弧斑点的移动范围增大，熔宽增加；同时，焊缝余高和熔深略有减小，焊缝变得平坦，如图 5-3 所示。电弧斑点的移动范围增大后，使焊剂熔化量增多，因而向焊缝过渡的合金元素增多，可减小由焊件上的锈或氧化皮引起的气孔倾向。当装配间隙较大时，提高电弧电压有利于焊缝成型。如果电弧电压继续增加，电弧会突破焊剂的覆盖，使熔化的液态金属失去保护而与空气接触，造成密集气孔。降低电弧电压可增强电弧的刚直性，能改善焊缝熔深，并提高抗电弧偏吹的能力。但电弧电压过低时，会形成高而窄的焊缝，影响焊缝成型并使脱渣困难；有极端情况下，熔滴会使焊丝与熔池金属短路而造成飞溅。

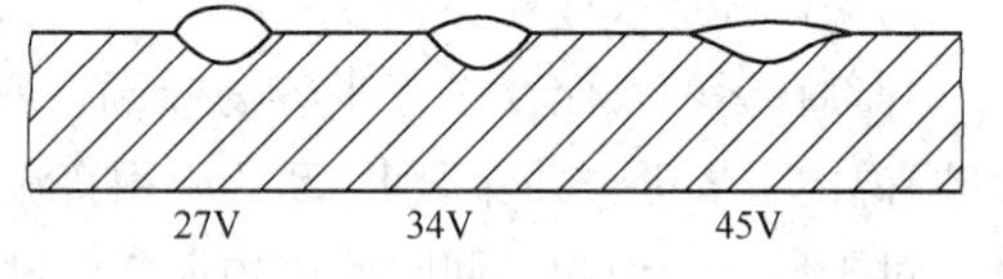

图 5-3　电弧电压对焊缝形状的影响

因此，埋弧焊时适当增加电弧电压，对改善焊缝形状、提高焊缝质量是有利的，但应与焊接电流相匹配，见表 5-1。

表 5-1　埋弧焊电流与电弧电压的配合关系

焊接电流/A	520~600	600~700	700~850	850~1000	1000~1200
电弧电压/V	34~36	36~38	38~40	40~42	42~44

c 焊接速度

焊接速度对熔宽、熔深有明显影响，它是决定焊接生产率和焊缝内在质量的重要工艺参数。不管焊接电流与电弧电压如何匹配，焊接速度对焊缝成型的影响都有着一定的规律。在其他参数不变的条件下，焊接速度增大时，电弧对母材和焊丝的加热减少，熔宽、余高明显减小；与此同时，电弧向后方推送金属的作用加强，电弧直接加热熔池底部的母材，使熔深有所增加。当焊接速度增大到 40m/h 以上时，由于焊缝的线能量明显减少，则熔深随焊接速度增大而减小。焊接速度对焊缝形状的影响如图 5-4 所示。

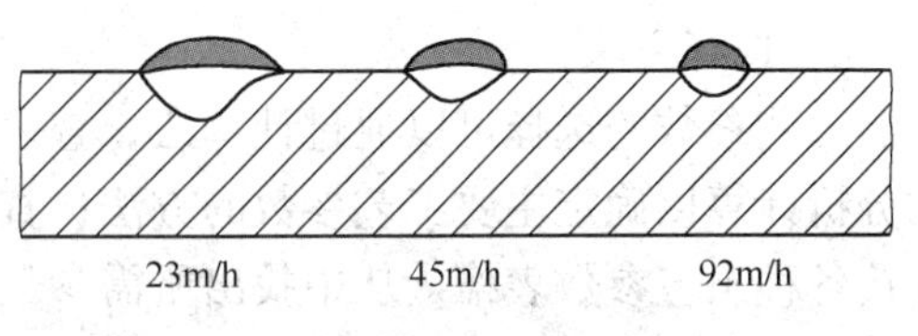

图 5-4 焊接速度对焊缝形状的影响

焊接速度的快慢是衡量焊接生产率高低的重要指标。从提高生产率的角度考虑，总是希望焊接速度越快越好；但焊接速度过快，电弧对焊件的加热不足，使熔合比减小，还会造成咬边、未焊透及气孔等缺陷。减小焊接速度，使气体易从正在凝固的熔化金属中逸出，能降低形成气孔的可能性；但焊速过低，将导致熔化金属流动不畅，易造成焊缝波纹粗糙和夹渣，甚至烧穿焊件。

d 焊丝直径与伸出长度

焊丝直径主要影响熔深。在同样的焊接电流下，直径较细的焊丝电流密度较大，形成的电弧吹力大，熔深大。焊丝直径也影响熔敷速度。电流一定时，细焊丝比粗焊丝具有更高的熔敷速度；但粗焊丝比细焊丝能承载更大的电流，因此，粗焊丝在较大的焊接电流下使用也能获得较高的熔敷速度。焊丝越粗，允许使用的焊接电流越大，生产率越高。当装配不良时，粗焊丝比细焊丝的操作性能好，有利于控制焊缝成型。

焊丝直径应与所用的焊接电流大小相适应，如果粗焊丝用小电流焊接，会造成焊接电弧不稳定；相反，细焊丝用大电流焊接，容易形成“蘑菇形”焊缝，而且熔池也不稳定，焊缝成型差。不同直径焊丝适用的焊接电流范围见表 5-2。

表 5-2 不同直径焊丝适用的焊接电流

焊接电流/A	200~400	350~600	500~800	700~1000	800~1200
焊丝直径/mm	2	3	4	5	6

在焊丝伸出长度上存在一定电阻，埋弧焊的焊接电流很大，因而在这部分焊丝上产生的电阻热很大。焊丝受到电阻热的预热，熔化速度增大，焊丝直径越细、电阻率越大以及伸出长度越长时，这种预热作用的影响越大。所以，焊丝直径小于 3mm 或采用不锈钢焊丝等电阻率较大的材料时，要严格控制焊丝伸出长度；焊丝直径较粗时伸出长度的影响较小，但也应控制在合适的范围内，伸出长度一般应为焊丝直径的 6~10 倍。

e 焊剂成分和性能

焊剂成分影响电弧极区压降和弧柱电场强度的大小。稳弧性好的焊剂含有易电离的元素，所以电弧的电场强度较低，热功率较小，焊缝熔深较浅；而含氟的焊剂则相反，它的稳弧性差，但有较高的电场强度，电弧的热功率大，所以焊接时可得到较大的熔深。

焊剂的颗粒度和焊剂层厚度也会影响焊缝的成型与质量。当焊剂的颗粒度较大或堆积的焊剂层较薄时，电弧四周的压力低，弧柱膨胀，电弧燃烧的空间增大，所以使熔宽增大，熔深略有减小，有利于改善焊缝成型。但焊剂颗粒度过大或焊剂层厚度过小时，不利于焊接区域的保护，使焊缝成型变差，并可能产生气孔。

除上述工艺参数外，埋弧焊时还有一些参数，如焊剂、焊丝的种类和合理配合，焊丝和焊件的倾斜角度，焊件的材质、厚度、装配间隙和坡口形状等也对焊缝的成型和质量有着重要影响。

B 焊接参数的选择及匹配

a 选择方法

工艺参数的选择可以通过计算法、查表法和试验法进行。计算法是通过对焊接热循环的分析计算以确定主要工艺参数的方法；查表法是查阅与所焊产品类似焊接条件下所用的焊接各种工艺参数表格，从中找出所需参数的方法；试验法是将计算或查表所得的工艺参数，或人们根据经验初步估算的工艺参数，结合产品的实际状况进行试验，以确定恰当的工艺参数的方法。但不论用哪种方法确定的工艺参数，都必须在实际生产中加以修正，最后确定出符合实际情况的工艺参数。

b 工艺参数之间的配合

按上述方法选择工艺参数时，必须考虑各种工艺参数之间的配合。通常要注意以下三方面：

（1）焊缝的成型系数。成型系数大的焊缝，其熔宽较熔深大；成型系数小的焊缝，熔宽相对熔深较小。焊缝成型系数过小，则焊缝深而窄，熔池凝固时柱状结晶从两侧向中心生长，低熔点杂质不易从熔池中浮出，积聚在结晶交界面上形成薄弱的结合面，在收缩应力和外界拘束力作用下很可能在焊缝中心产生结晶裂纹。因此，选择埋弧焊工艺参数时，要注意控制成型系数，一般以1.3~2为宜。

影响焊缝成型系数的主要焊接参数是焊接电流和电弧电压。埋弧焊时，与焊接电流相对应的电弧电压。

（2）熔合比。熔合比是指被熔化的母材金属在焊缝中所占的百分比。熔合比越大，焊缝的化学成分越接近母材本身的化学成分。所以在埋弧焊工艺中，特别是在焊接合金钢和有色金属时，调整焊缝的熔合比常常是控制焊缝化学成分、防止焊接缺陷和提高焊缝力学性能的主要手段。埋弧焊的熔合比通常为30%~60%，单道焊或多层焊中的第一层焊缝熔合比较大，随焊接层数增加，熔合比逐渐减小。由于一般母材中碳的含量和硫、磷杂质的含量比焊丝高，所以熔合比大的焊缝，由母材带入焊缝的碳量及杂质量较多，对焊缝的塑性、韧性有一定影响。因此，对要求较高的多层焊焊缝应设法减小熔合比，以防止第一层焊缝熔入过多的母材而降低焊缝的抗裂性能。此外，埋弧堆焊时为了减少堆焊层数和保证堆焊层成分，也必须减小熔合比。

减小熔合比的措施主要有减小焊接电流，增大焊丝伸出长度，开坡口，采用下坡焊或焊丝前倾布置，用正接法焊接，用带极代替丝极堆焊等。

（3）热输入。焊接接头的性能除与母材和焊缝的化学成分有关外，还与焊接时的热输入有关。热输入增大时，热影响区增大，过热区明显增宽，晶粒变粗，使焊接接头的塑性和韧性下降。对于低合金钢，这种影响尤其显著。埋弧焊时如果用大热输入焊接不锈钢，会使近缝区在“敏化区”范围停留时间增长，降低焊接接头抗晶间腐蚀能力。焊接低温钢时，大热输入会造成焊接接头冲击韧度明显降低。

所以，埋弧焊时必须根据母材的性能特点和对焊接接头的要求选择合适的热输入。而热输入与焊接电流和电弧电压成正比，与焊接速度成反比。即焊接电流、电弧电压越高，热输入越大；焊接速度越大，热输入越小。由于埋弧焊的焊接电流和焊接速度能在较大范围内调节，故热输入的变化范围比焊条电弧焊大得多，能满足不同焊件对焊接热输入的要求。

5.3 电阻焊

5.3.1 电阻焊定义

电阻焊是将被焊工件压紧于两电极之间，并通过电流，利用电流流经接触面及邻近区域产生的电阻热将其加热到熔化或塑性状态，使之形成金属结合的一种方法。电阻焊是压（力）焊的一种。

5.3.2 电阻焊的优、缺点

5.3.2.1 优点

（1）熔核形成时，始终被塑性环包围，熔化金属与空气隔绝，冶金过程简单。

（2）加热过程短、热量集中，故热影响区小，变形与应力也小，通常在焊后不必安排校正和热处理工序。

（3）不需要焊丝、焊条等填充金属，以及氧、乙炔、氦等焊接材料，焊接成本低。

（4）操作简单，易于实现机械化和自动化，改善了劳动条件。

（5）生产效率高，且无噪声及有害气体，在大批量生产中，可以和其他制造工序一起编到组装线上。

5.3.2.2 缺点

（1）目前还缺乏可靠的无损检测方法，焊接质量只能靠工艺试样和工件的破坏性试验来检查，靠各种监控技术来保证焊接稳定性。

（2）点、缝焊的搭接接头不仅增加了构件的重量，且因在两板之间的熔核周围形成夹角，致使接头的抗拉强度和疲劳强度均较低。

（3）设备功率大，机械化、自动化程度较高，使设备成本较高、维修较困，并且常用的大功率单相交流焊机不利于电网的正常运行。

5.3.3 电阻焊工艺分类

电阻焊按工艺不同分为点焊、凸焊、缝焊和对焊四种。

5.3.3.1 点焊

（1）电阻点焊，简称点焊。指将焊件装配成搭接接头，并压紧在两电极之间，利用电阻热熔化母材金属，形成焊点的电阻焊方法。

点焊是一种高速、经济的重要连接方法，适用于制造可以采用搭接，接头不要求气密，厚度小于3mm的冲压、轧制的薄板构件，如图5-5所示。

（2）点焊接头的形成。

1）电阻点焊原理和接头形成可简述为：将焊件压紧在两电极之间，施加电极压力后，阻焊变压器向焊接区通过强大焊接电流，在焊件接触面上形成真实的物理接触点，并随着通电加热的进行而不断扩大。塑变能与热能使接触点的原子不断激活，消失了接触面，继续加热形成熔化核心，简称“熔核”。

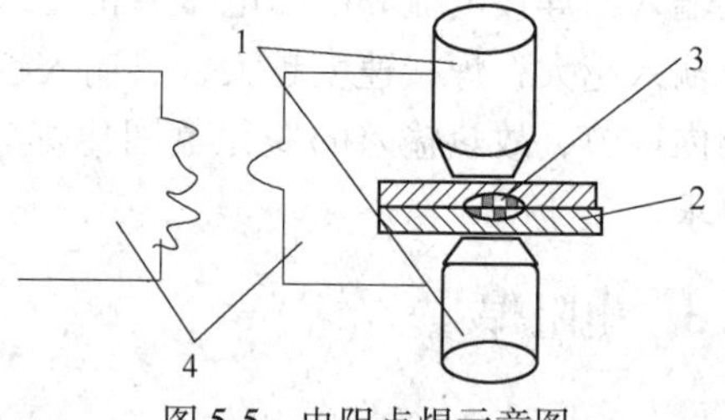

图5-5　电阻点焊示意图

1—电极；2—工件；3—熔核；4—电源

2）熔核中的液态金属在电动力作用下发生强烈搅拌，熔核内的金属成分均匀化，结合界面迅速消失。

3）加热停止后，核心液态金属以自由能量最低的熔核边界半熔化晶粒表面为晶核开始结晶，然后沿与散热相反方向不断以枝晶形式向中间延伸。

4）通常熔核以柱状晶形式生长，将合金浓度较高的成分排至晶叉及枝晶前端，直至生长的枝晶相抵住，获得牢固的金属键合，接合面消失了，得到了柱状晶生长较充分的焊点或因合金过冷条件不同，核心中心区同时形成等轴晶粒，得到柱状晶与等轴晶两种凝固组织并存的焊点。

5）同时，液态熔核周围的高温固态金属在电极压力作用下产生塑性变形和强烈再结晶，形成塑性环，该环先于熔核形成始终伴随着熔核一起长大，它的存在可防止周围气体侵入和保证熔核态金属不至于沿板缝向外喷溅。

5.3.3.2　凸焊

（1）定义。凸焊，是在一工件的贴合面上预先加工出一个或多个突起点，使其与另一工件表面相接触并通电加热，然后压塌，使这些接触点形成焊点的电阻焊方法。凸焊是点焊的一种变形，主要用于焊接低碳钢和低合金钢的冲压件，凸焊在线材、管材等连接上也获得普遍应用。如图5-6所示。

（2）焊接头形成过程。凸焊和点焊一样也是在热-机械（力）联合作用下形成的，但是由于凸点的存在不仅改变了电流场和温度场的形态，而且在凸点压溃过程中使焊接区产生很大的塑性变形，这些情况均对获得优质接头有利；但同时也使凸焊过程比点焊过程复杂和有其自身特点，在一良好凸焊焊接循环下，由预压、通电加热和冷却结晶三个连续阶段组成。

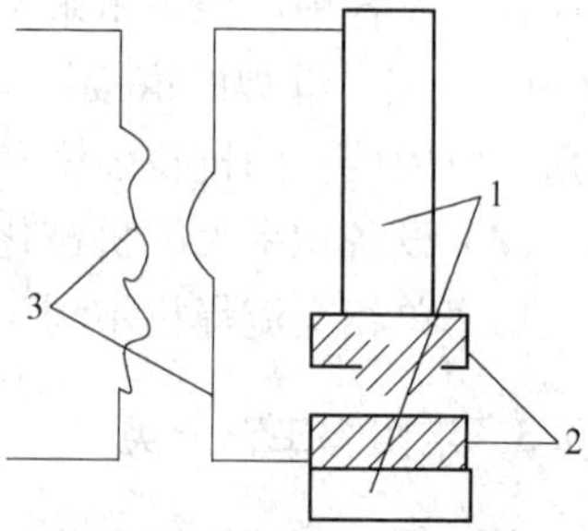

图5-6　电阻凸焊示意图

1—电极；2—工件；3—电源

5.3.3.3　缝焊

（1）定义。缝焊指焊件装配成搭接或对接接头并置于两滚轮电极之间，滚轮电极加压焊件并转动，连续或断续送电，形成一条连续焊缝的电阻焊方法。如图5-7所示。

(2) 缝焊接头形成过程。缝焊时，每一焊点同样要经过预压、通电加热和冷却结晶三个阶段。但由于缝焊时滚轮电极与焊件间相对位置的迅速变化，使此三阶段不像点焊时区分得那样明，可以认为：

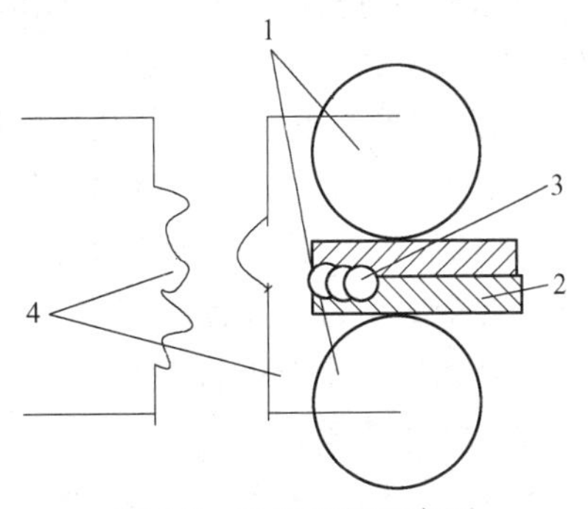

图 5-7 电阻缝焊示意图
1—电极；2—工件；3—熔核；4—电源

1) 在滚轮电极直接压紧下，正被通电加热的金属是处于“通电加热阶段”。即将进入滚轮电极下面的邻近金属，受到一定的预热和滚轮电极部分压力作用，是处在“预压阶段”。

2) 刚从滚轮电极下面出来的邻近金属，一方面开始冷却，同时尚受到滚轮电极部分压力作用，是处在“冷却结晶阶段”。因此，正处于滚轮电极下的焊接区和邻近它的两边金属材料，在同一时刻将分别处于不同阶段。而对于焊缝上的任一焊点来说，从滚轮下通过的过程也是经历“预压—通电加压—冷却结晶”三个过程。

由于该过程是在动态下进行的，预压和冷却结晶阶段时的压力作用不够充分，故使缝焊接头质量一般比点焊时差，易出现裂纹、缩孔等缺陷。

5.3.3.4 对焊

对焊是把两工件端部相对放置，利用焊接电流加热，然后加压完成焊接的电阻焊方法。对焊包括电阻对焊及闪光对焊两种。如图 5-8、图 5-9 所示。

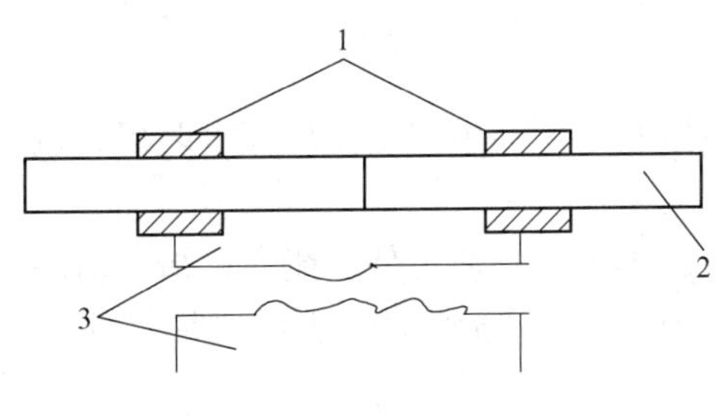

图 5-8 电阻对焊示意图
1—电极；2—工件；3—电源

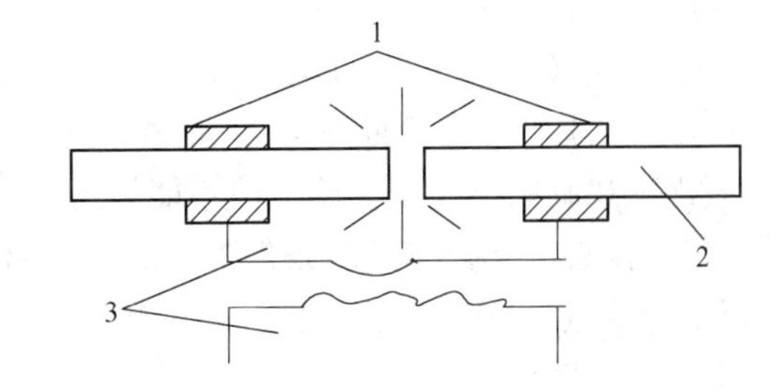

图 5-9 闪光对焊示意图
1—电极；2—工件；3—电源

5.3.4 电阻焊基本原理

焊接热的产生及影响产热的因素，点焊时产生的热量由下式决定：

$$Q = I^2RT \tag{5-1}$$

式中 Q——产生的热量，J；

I——焊接电流，A；

R——电极间电阻，Ω；

T——焊接时间，s。

(1) 电阻 R 及影响 R 的因素。式 (5-1) 的电极间电阻包括工件本身电阻 R_w、两工件间接触电阻 R_c、电阻与工件间接触电阻 R_{ew}。因此，总电阻 R 值为：

$$R = 2R_w + R_c + 2R_{ew} \tag{5-2}$$

当工件和电极已定时，工件的电阻取决于它的电阻率。由于电阻率是被焊材料的重要性能，电阻率高的金属其导热性差（如不锈钢），电阻率低的金属其导热性好（如铝合金），因此，点焊不锈钢时产热快而散热慢，点焊铝合金时产热慢而散热快，点焊时，前者可以用较小电流（几千安培），后者就必须用很大电流（几万安培）。

电阻率不仅取决于金属种类，还与金属的热处理状态和加工方式有关。

通常金属中含合金元素越多，电阻率就越高。

淬火状态又比退火状态的高，例如退火状态的LY12铝合金电阻率为4.3μΩ·cm，淬火时效则高达7.3μΩ·cm。

各种金属的电阻率还与温度有关，随着温度的升高，电阻率增高，并且金属熔化时的电阻率比熔化前高1~2倍。

随着温度升高，除电阻率增高使工件增高外，同时金属的压溃强度降低，使工件与工件、工件与电极间的接触面增大，因而引起工件电阻减小。

点焊低碳钢时，在两种矛盾的因素影响下，加热开始时工件电阻逐渐增高，熔核形成时又逐渐降低，这一现象，给当前已开始应用于生产的动态电阻监控提供了依据。

电极压力变化将改变工件与工件、工件与电极间的接触面，从而也将影响电流线的分布，随着电极压力的增大，电流线的分布将较分散，因而工件电阻将减小。

熔核开始形成时，由于熔化区的电阻增大，将迫使更大部分电流从其周围的压接区（塑性环）流过，使该区再陆续熔化，熔核不断扩展，但熔核直径受电极端面直径的制约，一般不超过电极端直径的20%，熔核过分扩展，将使塑性环因失压而难以形成，而导致熔化金属的溅出（飞溅）。

电阻式（5-2）的接触电阻 R_c 由两方面原因形成：

1）工件和电极表面有高电阻系数的氧化物或脏物层，使电流受到较大电阻碍，过厚的氧化物和脏物层甚至会使电流不能导通。

2）在表面十分洁净的条件下，由于表面的微观不平度，使工件只能在粗糙表面的局部形成接触点，在接触点处形成电流线的收拢，由于电流通道的缩小而增加接触处的电阻。

电极压力增大时，粗糙表面的凸点将被压溃，凸点的接触面增大，数量增多，表面上的氧化膜也更易被挤破；温度升高时，金属的压溃强度降低（低碳钢600℃时，铝合金350℃时，压溃强度急趋于0），即使电极压力不变，也会有凸点接触面增大、数量增多的结果。可见，接触电阻将随电极压力的增大和温度的升高而显著减小，因此，当表面清理十分洁净时，接触电阻仅在通电开始极短的时间内存在，随后会迅速减小以至消失。

接触电阻尽管存在的时间极短，但以很短的加热时间点焊铝合金薄件时，对熔核的形成和焊点强度的稳定性仍有非常显著的影响。

（2）焊接电流的影响。从式（5-1）中可见，电流对产热的影响比电阻和时间两者都大。因此，在点焊过程中，它是一个必须严格控制的参数；引起电流变化的主要原因是电网电压波动和交流焊机次级回路阻抗变化；阻抗变化是因回路的几何形状或因在次级回路中引入了不同量的磁性金属；对于直流焊，次级回路阻抗变化对电流无明显影响。

除焊接电流总量小，电流密度也对加热有显著影响，通过已成型焊点的分流，以及增大电极接触面积或凸焊时的凸点尺寸，都会降低电流密度和焊接热，从而使接头强度显著下降。

（3）焊接时间的影响。为了保证熔核尺寸和焊点强度，焊接时间与焊接电流在一定范围内可以互为补充；为了获得一定强度的焊点，可以采用大电流和短时间（硬规范），也可以采用小电流和长时间（软规范）；选用硬规范还是软规范，则取决于金属的性能、厚度和所用焊机的功率；但对于不同性能和厚度的金属所需的电流时间，都仍有一个上下限，超过此限，将无法形成合格的熔核。

（4）电极压力的影响。电极压力对两电极间总电阻 R 有显著影响，随着电极压力的增大，R 显著减小，此时焊接电流虽略有增大，但不能影响因 R 减小而引起的产热减小，因此，焊点强度总是随着电极压力增大而降低，在增大电极压力的同时，增大焊接电流或延长焊接时间，可以弥补电阻减小的影响，可以保持焊点强度不变，采用这种焊接条件有利于提高焊点强度的稳定性，电极压力过小，将引起飞溅，也会使焊点强度降低。

（5）电极形状及材料性能的影响。由于电极的接触面决定着电流密度，电极材料的电阻率和导热性关系着热量的产生和散失，因而电极的形状和材料对熔核的形成有显著的影响。随着电极端头的变形和磨损，接触面积将增大，焊点强度将降低。

（6）工件表面状况的影响。工件有面上的氧化物、污垢、油和其他杂质增大了接触电阻。过厚的氧化物层甚至会使电流不能通过。局部的导通，由于电流密度过大，则会产生飞溅和表面烧损，严重时会出现炸火现象。氧化物层的不均匀性还会影响各个焊点加热不一致，引起焊接质量的波动。彻底清理工件表面是保证获得高质接头的必要条件。

（7）热平衡、散热及温度分布。点焊时，产生的热量 Q 只有较小部分用于形成熔核，较大部分将因向邻近物质的传导和辐射而损失掉，其热平衡方程式如下：

$$Q = Q_1 + Q_2$$

式中 Q_1——形成熔核的热量；

Q_2——损失的热量。

有效热量 Q_1 取决于金属的热量性质及熔化金属量，而与所用的焊接条件无关，$Q_1 \approx 10\% \sim 30\% Q$：电阻率低、导热性好的金属（铝、铜合金等）取低限；电阻率高、导热性差的金属（不锈钢、高温合金等）取高限。损失的热量 Q_2 主要包括通过电极传导的热量（$\approx 30\% \sim 50\% Q$）和通过工件传导的热量（$\approx 20\% Q$）；辐射到大气中的热量只约占 5%，可以忽略不计。通过电极传导的热量是主要的散热损失，它与电极的材料、形状、冷却条件，以及所采用的焊接条件有关，例如采用硬规范的热损失就要比采用软规范小得多。

由于损失的热量随焊接时间的延长和金属温度的升高而增加，因此，当焊接电流不足时，只延长焊接时间，会在某一时刻达到热量的产生与散失相平衡，继续延长焊接时间，将无助于熔核的增大，这说明了用小功率焊机不能焊接厚钢板和铝合金的原因。

在不同厚度工件的点焊中，还可以通过控制电极的散热（改变电极的材料或接触面积，采用附加垫片等）改善熔核的偏移，增加薄件一侧的焊透率。

焊接区的温度分布是产热与散热的综合结果。最高温度总是处于焊接区中心，超过被焊金属熔点 T_M 的部分形成熔化核心，核内温度可超过 T_M（焊钢时超出 200~300℃），但在电磁力的强烈搅动下，进一步升高是困难的。

由于电极的强烈散热，温度从核界到工件外表面降低得很快，外表面上的温度通常不超过（0.4~0.6）T_M。温度在径向内也随着离开核界的距离而比较迅速地降低，被焊金属的导热性越好，所用条件越软，这种降低就越平缓，温度梯度也越小。缝焊时，由于熔核不断形成，对已焊部位起到回火作用，未焊部位起到预热作用，故缝焊时的温度分布要比点焊时平坦，又因已焊部分有分流加热，以及由于滚轮离开后散热条件变坏的影响，因此，温度在焊轮圆周分布沿工件前进方向前后不对称，刚从滚盘下离开的金属温度较高，焊接速度越大，则散热条件越坏，预热作用越小，因此温度分布不对称的现象越明显，采用硬规范或步进缝焊能够改善这种现象，使温度分布更接近点焊。温度分布曲线越平坦，则接头的热影响越大，工件表面越容易过热，电极越容易磨损，因此，在焊机功率允许的条件下，宜采用硬规范焊接。

5.3.5　焊接参数的意义

焊接电流、焊接压力、通电时间被称为电阻焊焊接的三大要素。

5.3.5.1　焊接电流

由于电阻产生的热量与通过的电流的平方成正比，因此焊接电流是产生热量中最重要的因素；焊接电流的重要性还不单纯指电流的大小，电流密度的高低也是很重要的，如图5-10所示。

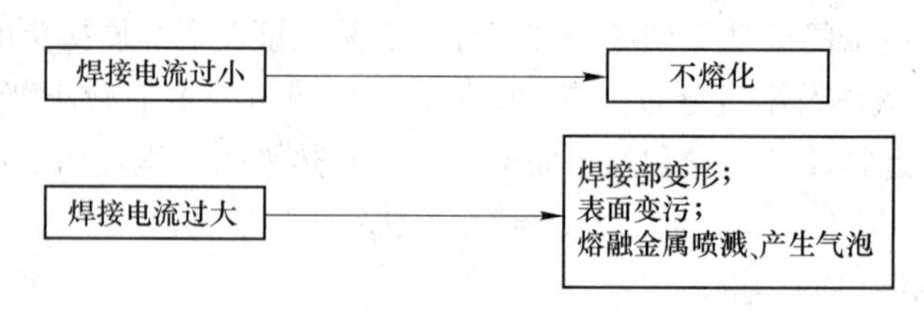

图 5-10　焊接电流

5.3.5.2　焊接压力

焊接压力是热量产生的重要因素；焊接压力是施加给焊接处的机械力量，通过压力使接触电阻减小，使电阻值均匀，可防止焊接时的局部加热，使焊接效果均匀，如图 5-11 所示。

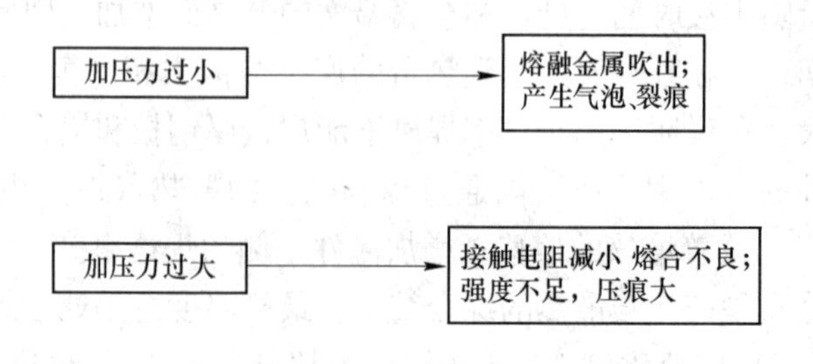

图 5-11　焊接压力

5.3.5.3　通电时间

通电时间也是产生热量的重要因素，通电产生的热量通过传导来释放，即使总的热量一定，由于通电时间的不同，焊接处的最高温度就不同，焊接结果也不一样，如图 5-12 所示。

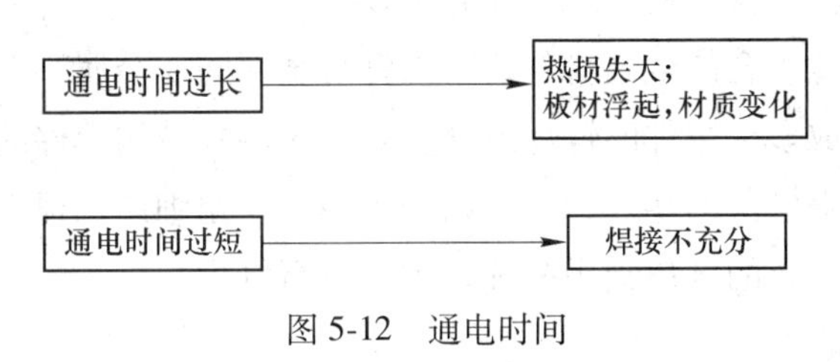

图 5-12　通电时间

5.3.5.4　电流波形

发热与加压在时间上的最佳组合对电阻焊是非常重要的，为此焊接过程中各瞬间的温度分布必须适当。根据被焊特材质及尺寸，使一定时间内流过一定的电流，对于接触部的发热若加压迟缓，将引起局部加热，恶化焊接效果；另外，若电流急剧停止，焊接部骤冷会产生裂痕和材质脆化。因此，应在主电流通过的之前或之后，通以小电流或在上升和下降电流中加入脉冲。

5.3.5.5　材料的表面状态

接触电阻与接触部的发热直接相关因素，在压力一定时，接触电阻取决于焊接物表面的状态，即材质决定后，接触电阻取决于金属表面的氧化膜。

细小凹凸有利于得到接触电阻期望的发热范围，但由于氧化膜的存在，使电阻增大，会导致局部加热，所以还是应当清除掉氧化膜。

5.3.6　调试时的安全要求

（1）验证各种保护装置功能有效后才能启动设备。
（2）在说明书没看或不清楚操作的情况下，不允许开动设备。
（3）个人身体状态不好的情况下不允许开动设备。
（4）要先在手动下试动作，正常后再试自动。
（5）调试时，先开气，确认电极分开，后开水，无漏水渗水时，再开电试机。
（6）确认气压设置正确后，把焊机调到不放电状态，试几次动作，然后再开始工作。
（7）调整设备时，机器周围 1m 内不能有外人（需要帮助时除外）。
（8）修整电极时应关闭焊机电源。
（9）调试时应考虑设备自身安全，切勿粗暴操作。

5.4　钎焊

5.4.1　概述

钎焊是三大焊接方法（熔焊、压焊、钎焊）的一种。钎焊是采用比焊件金属熔点低的金属钎料，将焊件和钎料加热到高于钎料、低于焊件熔化温度，利用液态钎料润湿焊件金属，填充接头间隙并与母材金属相互扩散实现连接焊件的一种方法。

钎焊与熔焊相比，有下列优点：

（1）钎焊时焊件不熔化。在大多数情况下，钎焊温度比焊件金属熔点低得多，因此，钎焊后工件组织和机械性能变化小，应力及变形小。

（2）可以钎焊任意组合的金属材料，可以钎焊金属与非金属。

（3）可以一次完成多个零件的钎焊或套叠式、多层式结构焊件的钎焊。

（4）可以钎焊极细极薄的零件，也可以钎焊厚薄及粗细差别很大的零件。

（5）可以将某些材料的钎焊接头拆开，重复进行钎焊。

钎焊的不足之处是：

（6）钎焊接头的比强度较熔焊低，因此常用搭接接头型式来提高承载能力。

（7）钎焊工件连接表面的清理工件和工件装配质量要求都很高。

钎焊，按所用的热源不同，可分为：火焰钎焊、感应钎焊、烙铁钎焊、电阻钎焊及炉中钎焊等。

5.4.2　钎焊方法的分类

钎焊接头的质量与所选用的钎焊方法、钎焊材料（钎剂、钎料等）和工艺参数等有关。按照不同的特征和标准，钎焊方法有以下几种分类方法。

（1）按照所采用钎料的熔点。可分为软钎焊和硬钎焊，钎料熔点低于450℃时称为软钎焊，高于450℃时称为硬钎焊。

（2）按照钎焊温度的高低。可分为高温钎焊、中温钎焊和低温钎焊，温度的划分是相对于母材熔点而言。例如，对钢件来说，加热温度高于800℃称为高温钎焊，550~800℃之间称为中温钎焊，加热温度低于550℃称为低温钎焊；但对于铝合金来说，加热温度高于450℃称为高温钎焊，300~450℃之间称为中温钎焊，加热温度低于300℃称为低温钎焊。

（3）按照热源种类和加热方法的不同。可以分为火焰钎焊、炉中钎焊、感应钎焊、电阻钎焊、浸渍钎焊、气相钎焊、烙铁钎焊及超声波钎焊等。

（4）按照去除母材表面氧化膜的方式。可以分为钎剂钎焊、无钎剂钎焊、自钎剂钎焊、气体保护钎焊及真空钎焊等。

（5）按照接头形成的特点。可分为毛细钎焊和非毛细钎焊。液态钎料依靠毛细作用填入钎缝的情况称为毛细钎焊；毛细作用在钎焊接头形成过程中不起主要作用的称为非毛细钎焊。接触反应钎焊和扩散钎焊是最典型的非毛细钎焊过程。

（6）按照被连接的母材或钎料的不同。可分为铝钎焊、不锈钢钎焊、钛合金钎焊、高温合金钎焊、陶瓷钎焊、复合材料钎焊，以及银钎焊、铜钎焊等。

常用的钎焊方法分类、原理及应用见表5-3。

表 5-3　常用钎焊方法分类、原理及应用

钎焊方法	分类		原理	应用
烙铁钎焊	外热式烙铁		使用外热源（如煤气、气体火焰等）加热	适用于以软钎料钎焊不大的焊件，广泛应用于无线电、仪表等工业部门
	电烙铁	普通电烙铁	靠自身恒定作用的热源保持烙铁头一定温度	
		带陶瓷加热器		
		可调温度		
	弧焊烙铁		烙铁头部装有碳头，利用电弧热熔化钎料	
	超声波烙铁		在电加热烙铁头上再加上超声波振动，靠熔化作用破坏金属表面氧化膜	适用于铝、铝合金（含Mg多的除外）、不锈钢、钴、锗、硅等钎焊
火焰钎焊	氧乙炔焰		用可燃气体与氧气（或压缩空气）混合燃烧的火焰来进行加热的钎焊，火焰钎焊可分为火焰硬钎焊和火焰软钎焊	主要用于钎焊钢和铜
	压缩空气雾化汽油火焰或空气液化石油火焰或煤气等			适用于铝合金的硬钎焊
炉中钎焊	空气炉中钎焊		把装配好的焊件放入一般工业电炉中加热至钎焊温度完成钎焊	多用于钎焊铝、铜、铁及其合金
	保护气氛炉中钎焊	还原性气氛	加有钎料的焊件在还原性气氛或惰性气氛的电炉中加热进行钎焊	适用于钎焊碳素钢、合金钢、硬质合金、高温合金等
		惰性气氛		
	真空炉中钎焊	热壁型	使用真空钎焊容器，将装配好钎料的焊件放入容器内，容器放入非真空炉中加热至钎焊温度，然后容器在空气中冷却	钎焊含有Cr、Ti、Al等元素的合金钢、钛合金、铝合金及难熔合金
		冷壁型	加热炉与钎焊室合为一体，炉壁作成水冷套，内置热反射屏，防止热向外辐射，提高热效率，炉盖密封。焊件钎焊后随炉冷却	
感应钎焊	高频（150~700kHz）		焊件钎焊处的加热依靠在交变磁场中产生感应电流的电阻热来实现	广泛用于钎焊钢、铜及铜合金、高温合金等的具有对称形状的焊件
	中频（1~10kHz）			
	工频（很少直接用于钎焊）			
浸渍钎焊	盐浴浸渍钎焊	外热式	多为氯盐的混合物作盐浴，焊件加热和保护靠盐浴来实现。外热式由槽外部电阻丝加热；内热式靠电流通过盐浴产生的电阻热来加热自身和进行钎焊。当钎焊铝及铝合金时应使用钎剂作盐浴	适用于以铜基钎料和银基钎料钎焊钢、铜及其合金、合金钢及高温合金。还可钎焊铝及其合金
		内热式		
	熔化钎料中浸渍钎焊（金属浴）		将经过表面清洗，并装配好的钎焊进行钎剂处理，再放入熔化钎料中，钎料把钎焊处加热到钎焊温度实现钎焊	主要用于以软钎料钎焊铜、铜合金及钢。对于钎缝多而复杂的产品（如蜂窝式换热器、电机电枢等）用此法优越、效率高

续表 5-3

钎焊方法	分类		原理	应用
电阻钎焊	直接加热式		电极压紧两个零件的钎焊处，电流通过钎焊面形成回路，靠通电中钎焊面产生的电阻热加热到钎焊温度实现钎焊	主要用于钎焊刀具、电机的定子线圈、导线端头以及各种电子元器件的触点等
	间接加热式		电流或只通过一个零件，或根本不通过焊件。前者钎料熔化和另一零件加热是依靠通电加热的零件向它导热来实现；后者电流是通过并加热一个较大的石墨板或耐热合金板，焊件放置在此板上，全部依靠导热来实现，对焊件仍需压紧	
特种钎焊	红外线钎焊	红外线钎焊炉	用红外线灯泡的辐射热对钎焊件加热钎焊	适于钎焊电子元器件及玻璃绝缘子等
		小型红外线聚光灯		连接磁线存储器、挠性电缆等
	氙弧灯光束钎焊		用特殊的反光镜将氙弧灯发出的强热光线聚在一起，得到高能量密度的光束作为热源	适于钎焊半导体、集成电路底板、大规模集成电路、电平表、磁头、晶体振子等小型器件以及其他微型件高密度的插装端子
	激光钎焊		利用原子受激辐射的原理使物质受激面产生波长均一、方向一致以及强度非常高的光束，聚焦到 $10^5 W/cm^2$ 以上的高功率密度的十分微小的焦点，把光能转换为热能实现钎焊	适用于钎焊微电子元器件、无线电、电信器材以及精密仪表等零部件
	气相钎焊		利用高沸点的氟系列碳氢化合物饱和蒸气的冷凝汽化潜热来实现钎焊	往印刷电路板上钎焊绕接用的线柱，往陶瓷基片上钎焊陶瓷片或芯片基座外部引线等
	脉冲加热钎焊	平行间隙钎焊法	利用电阻热原理进行软钎焊的方法，以脉冲的方式在短时间内（几毫秒至1秒）供给钎焊所需热量	往印刷电路板上装集成电路块及晶体管等元件
		再流钎焊法	通过脉冲电流用间接加热的方法在被焊的材料上涂一层钎料或在材料间放入加工成适当形状的钎料，并在其熔化瞬间同时加压完成钎焊	在印刷电路上装集成电路块、二极管、片状电容等元器件，以及挠性电缆的多点同时钎焊等
		热压头式再流钎焊法	采用了热压头方式同时吸收了脉冲加热法的优点来实现钎焊	适于将大型的大规模集成电路或漆包线等钎焊到各种基板上
	波峰式钎焊法		钎焊时，印刷电路板背面的铜箔面在钎料的波峰上移动，实现钎焊	作为印刷电路板批量生产钎焊方法
	平面静止式钎焊法		钎焊时，使印刷电路板沿水平方向移动，同时使钎料槽或印刷电路板作垂直运动来完成钎焊	

5.4.3 钎剂的分类及特点

钎焊熔剂（钎剂）是钎焊过程中用的熔剂，与钎料配合使用，是保证钎焊过程顺利进行和获得致密接头不可缺少的。钎剂的作用是清除熔融钎料和母材表面的氧化物，保护钎料及母材表面不被继续氧化，改善钎料对母材的润湿性能，促进界面活化，使其能顺利地实现钎焊过程。钎剂与钎料的合理选用对钎焊接头的质量起关键作用。

5.4.3.1 对钎剂的基本要求

（1）钎剂的熔点和最低活性温度比钎料低，在活性温度范围内有足够的流动性。在钎料熔化之前钎剂就应熔化并开始起作用，去除钎缝间隙和钎料表面的氧化膜，为液态钎料的铺展润湿创造条件。

（2）应具有良好的热稳定性，使钎剂在加热过程中保持其成分和作用稳定不变。一般说来钎剂应具有不小于100℃的热稳定温度范围。

（3）能很好地溶解或破坏被钎焊金属和钎料表面的氧化膜。钎剂中各组分的汽化（蒸发）温度比钎焊温度高，以避免钎剂挥发而丧失作用。

（4）在钎焊温度范围内钎剂应黏度小、流动性好，能很好地润湿钎焊金属，减少液态钎料的界面张力。

（5）熔融钎剂及清除氧化膜后的生成物密度应较小，有利于上浮，呈薄膜层均匀覆盖在钎焊金属表面，有效地隔绝空气，促进钎料润湿和铺展，不致滞留在钎缝中形成夹渣。

（6）熔融钎剂残渣不应对钎焊金属和钎缝有强烈的腐蚀作用，钎剂挥发物的毒性小。

5.4.3.2 钎剂的分类

钎剂的组成物质主要取决于所要清除氧化物的物理化学性质。构成钎剂的组成物质可以是单一组元（如硼砂、氯化锌等），也可以是多组元系统。多组元系统通常由基体组元、去膜组元和活性组元组成。

钎剂的分类与钎料分类相适应，通常分为软钎剂、硬钎剂、铝用钎剂等，分别适用于不同的场合。

5.4.3.3 钎剂的型号与牌号

A　钎剂型号

硬钎焊用钎剂型号由字母“FB”和根据钎剂的主要组分划分的四种代号“1，2，3，4”及钎剂顺序号表示；型号尾部分别用大写字母S（粉末状、粒状）、P（膏状）、L（液态）表示钎剂的形态。钎剂主要化学组分的分类见表5-4。

表5-4　钎剂主要化学组分的分类

钎剂主要组分分类代号	钎剂主要组分	钎焊温度/℃	钎剂主要组分分类代号	钎剂主要组分	钎焊温度/℃
1	硼酸+硼砂+氟化物≥90%	550~850	3	硼砂+硼酸≥90%硼酸	800~1150
2	卤化物≥80%	450~620	4	三甲酯≥60%	>450

钎剂型号，如图 5-13 所示。

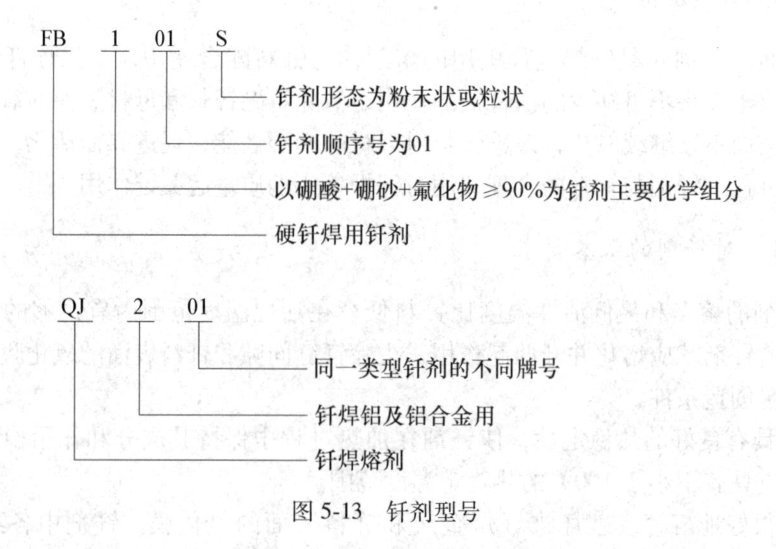

图 5-13　钎剂型号

B　钎剂牌号

钎剂牌号前加字母“QJ”表示钎焊熔剂；牌号第一位数字表示钎剂的用途，其中，1 为银焊料钎焊用，2 为钎焊铝及铝合金用；牌号第二、第三位数字表示同一类型钎剂的不同牌号。

钎剂的品种很多，应根据钎焊温度及钎焊工艺要求合理选用。常用钎焊熔剂的牌号、成分及用途见表 5-5。

表 5-5　常用钎焊熔剂的牌号及用途

牌　号	名　　称	用　　　途
QJ101	银钎焊熔剂	在 550~850℃范围钎焊各种铜及铜合金、钢及不锈钢等
QJ102	银钎焊熔剂	在 600~850℃范围钎焊各种铜及铜合金、钢及不锈钢等，活性极强
QJ103	特制银钎焊熔剂	在 550~750℃范围钎焊各种铜及铜合金、钢及不锈钢等
QJ104	银钎焊熔剂	在 650~850℃范围钎焊各种铜及铜合金、钢及不锈钢等
QJ201	铝钎焊熔剂	在 450~620℃范围钎焊铝及铝合金，活性极强
QJ203	铝电缆钎焊熔剂	在 270~380℃范围钎焊铝及铝合金、铜及铜合金、钢等
QJ207	高温铝钎焊熔剂	在 560~620℃范围钎焊铝及铝合金

5.4.4　钎料的分类及特点

钎料是钎焊时的填充材料，钎焊件依靠熔化的钎料连接起来，钎料自身的性能及其与母材间的相互作用在很大程度上决定了钎焊接头的性能，因此钎焊接头的质量主要取决于钎料。

5.4.4.1　对钎料的基本要求

（1）具有适当的熔点。钎料的熔点至少应比母材的熔点低几十摄氏度。二者熔点过分接近将使钎焊过程不易控制，甚至导致母材晶粒过烧或局部熔化。

（2）具有良好的润湿性。应能在母材表面充分铺展并充分填满钎缝间隙。为保证钎料良好润湿和填缝，在钎料流入接头间隙之前就应处于完全熔化状态。应将钎料的液相线看作钎焊时可采用的最低温度，接头的整个截面必须加热到液相线温度或更高的温度。

（3）能与母材发生溶解、反应扩散等相互作用，并形成牢固的冶金结合。钎料与母材界面适当的相互作用可以使钎料发生合金化反应，提高钎焊接头的力学性能。

（4）应具有稳定和均匀的成分。在钎焊过程中应尽量避免出现偏析现象和易挥发元素的烧损。

（5）得到的钎焊接头应能满足使用要求，如力学性能和物理化学性能等方面的要求。还应考虑钎料的经济性，在满足工艺性能和使用性能的前提下，尽量少用或不用稀有金属和贵金属，降低生产成本。

5.4.4.2 钎料的分类

钎料通常按其熔化温度范围分类，熔化温度低于450℃的称为软钎料，高于450℃的称为硬钎料，高于950℃的称为高温钎料。有时根据熔化温度和钎焊接头的强度不同，将钎料分为易熔钎料（软钎料）和难熔钎料（硬钎料）。

根据组成钎料的主要元素，软钎料分为铋基、铟基、锡基、铅基、镉基、锌基等；硬钎料分为铝基、银基、铜基、锰基、金基、镍基等；各类钎料的熔化温度范围见表5-6。

表5-6 各类钎料的熔化温度范围

软钎料		硬钎料		软钎料		硬钎料	
组成	熔点范围/℃	组成	熔点范围/℃	组成	熔点范围/℃	组成	熔点范围/℃
Zn-Al钎料	380~500	镍基钎料	780~1200	Sn-Ag钎料	210~250	黄铜钎料	820~1050
Cd-Zn钎料	260~350	钯钎料	800~1230	Sn-Pb钎料	180~280	铜磷钎料	700~900
Pb-Ag钎料	300~500	金基钎料	900~1020	Bi基钎料	40~180	银钎料	600~970
Sn-Zn钎料	190~380	铜钎料	1080~1130	In基钎料	30~140	铝基钎料	460~630

5.4.4.3 钎料的型号与牌号

A 钎料的型号

根据GB/T 6208—95《钎焊型号表示方法》标准规定，钎料型号由两部分组成，钎料型号两部分之间用短划“-”分开。钎料型号中第一部分用一个大写英文字母表示钎料的类型：首字母“S”表示软钎料，“B”表示硬钎焊。

钎料型号中的第二部分由主要合金组分的化学元素符号组成。在这部分中第一个化学元素符号表示钎料的基体组分；其他化学元素符号按其质量分数（%）顺序排列，当几种元素具有相同的质量分数时，按其原子序数顺序排列。

软钎料每个元素符号后都要标出其公称质量分数；硬钎料仅第一个化学元素符号后标出公称质量分数。公称质量分数取整数误差±1%，若其元素公称质量分数仅规定最低值时应将其取整数。公称质量小于1%的元素在型号中不必标出，但如某元素是钎料的关键组分一定要标出时，软钎料型号中可仅标出其化学元素符号，硬钎料型号中将其化学元素符号用括号括起来。

每个钎料型号中最多只能标出6个化学元素符号。将符号“E”标注在型号第二部分之后用以表示是电子行业用软钎料。对于真空级钎料，用字母“V”表示，以短划“-”与前面的合金组分分开。既可用作钎料又可用作气焊焊丝的铜锌合金，用字母“R”表示，前面同样加一短划“-”。

软钎料型号举例：

S-Sn63Pb37E，表示一种含锡（质量分数）63%、含铅（质量分数）37%的电子工业用软钎料。

硬钎料型号，如图5-14所示

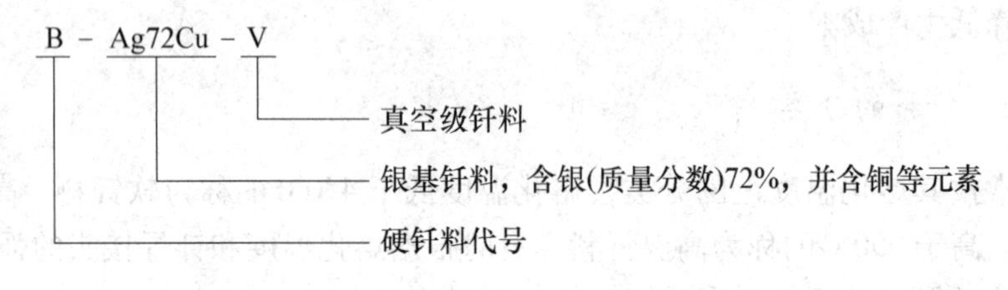

图5-14 硬钎料型号

B 钎料的牌号

在GB/T 6208—95颁布前，我国另有一套钎焊牌号表示方法，长期使用已成习惯，上述国标颁行后仍常见到。钎料俗称焊料，以牌号“HL×××”或“料×××”表示，其后第一位数字代表不同合金类型（表5-7）；第二、第三位数字代表该类钎料合金的不同编号。

表5-7 焊料牌号第一位数字的含义

牌 号	合金类型	牌 号	合金类型
HL1××（料1××）	CuZn合金	HL5××（料5××）	Zn基、Cd基合金
HL2××（料2××）	CuP合金	HL6××（料6××）	SnPb合金
HL3××（料3××）	Ag基合金	HL7××（料7××）	Ni基合金
HL4××（料4××）	Al基合金		

近几年颁布和实施的有关钎料的国家标准中，钎料型号表示方法未完全按GB/T 6208统一起来，例如，GB 4906—85《电子器件用金、银及其合金钎焊料》中用“DHLAgCu28”牌号表示，D表示电子器件用；GB 8012—87《铸造锡铅焊料》中用“ZHLSnPb60”牌号表示，Z代表铸造；GB 3131—88《锡铅焊料》中用“HLSn60Pb”牌号表示。由于我国钎料型号、牌号的表示方法目前在国家标准中尚不统一，后面表中的钎料型号、牌号随着来源不同，表示方法也不同。

国内已经进入标准的非晶态钎料有7K301（镍基钎料）、7K701（Cu-Si-Ni系钎料）、7K702（Cu-Ni-Sn-P）和7K703（Cu-Ag-Sn-P）四个系列，其他一些非晶态钎料也时有报道。国外已经开发出铜基、铜磷基、钯基、锡基、铅基、铝基、钛基、钴基等九大系列几百种牌号的非晶态钎料。

5.4.5 钎焊原理

钎焊是利用液态钎料填满钎焊金属结合面的间隙面形成牢固接头的焊接方法，其工艺过程必须具备两个基本条件：

（1）液态钎料能润湿钎焊金属并能致密地填满全部间隙；

（2）液态钎料与钎焊金属进行必要的物理、化学反应，达到良好的金属间结合。

5.4.5.1 液态钎料的填缝原理

钎焊时，液态钎料是靠毛细作用在钎缝间流动的，这种液态钎料对母材金属的浸润和附着的能力称之为润湿性。

液态钎料对钎焊金属的润湿性越好，则毛细作用越强，因此填缝会越充分。影响钎料润湿性的因素有以下方面：

（1）钎料和焊件金属成分影响。若钎料和钎焊金属在液态不互溶和固态不互溶，也不形成化合物，则它们之间的润湿性很差；若能液态互溶、固态互溶或形成化合物，则它们之间的润湿性很好。

（2）钎焊温度的影响。温度升高可明显地改善润湿性。但温度过高，润湿性太好，会造成钎料流失，还会因过火而产生熔蚀现象。因此，在钎焊过程中，选择合适的钎焊温度是很重要的。

（3）焊件金属表面清洁度。金属表面的氧化物及油污等杂质会阻碍钎料与焊件金属的接触，使液态钎料聚成球状而很难铺展，因此，钎焊时必须保证焊件金属接头处表面清洁。

（4）焊件金属表面粗糙度。通常钎料在粗糙表面的润湿性比光滑面好。这是由于纵横交错的纹路对液态钎料起到特殊的毛细作用。

5.4.5.2 钎料与焊件金属的相互作用

A 钎焊金属向钎料的溶解

从宏观上看，钎焊过程中钎焊金属不熔化，但是从微观上看，在液态钎料和固态钎焊金属之间发生钎焊金属向钎料中溶解和钎料向钎焊金属扩散的相互扩散反应。钎焊金属在钎焊过程中向钎料的溶解，实为钎焊金属表面的微区熔化。

钎焊金属向钎料的溶解将导致如下后果：

（1）改变钎料原来的成分，使钎料合金化，一般来说，可以提高钎缝的强度；

（2）钎焊金属溶解过多会使钎料熔点的黏度升高，使填缝能力下降；

（3）过度的溶解使表面出现溶蚀的缺陷，严重时出现溶穿。

B 钎料的钎焊金属成分的影响

凡是钎料在钎焊金属上有好的润湿性，能顺利进行钎焊的情况下，钎焊金属在液态钎料中都会发生一定程度的溶解。

（1）温度的影响。钎焊温度越高，则溶解量越大，溶解速度也越快。为了防止钎焊金属溶解过多，钎焊温度不宜过高。

（2）保温时间的影响。钎焊金属在液态钎料中的扩散速度较快，保温时间长、溶解量大，达到饱和状态后，保温时间增长，溶解量不再增多。但钎缝圆角处聚集钎料较多，保温时间延长，就使溶解量明显增多，所以钎缝圆角是最容易产生溶蚀的部位。

C　钎料组分向钎焊金属的扩散

液态钎料填满钎焊金属间隙时，钎焊组分由于与钎焊金属组分的差别或浓度的差别。必然发生钎料组分向钎焊金属扩散的过程。扩散量大小主要与浓度梯度、扩散系数、温度和保温时间等因素有关。

D　钎焊接头成分和组织

由于钎料和钎焊金属之间的冶金反应，使钎焊接头（钎缝）具有化学成分和组织不均匀的特点。钎焊接头可粗略地划分为扩散区、界面区和中心区三个部分。

（1）纤缝中心区主要由钎料组成，也有钎焊金属的溶解。

（2）界面区由钎焊金属向钎料溶解而形成的，成分的组织比较复杂。

（3）扩散区主要由钎焊金属组成，也有从钎料扩散来的元素。

5.4.6　火焰钎焊

火焰钎焊在空气中完成，不需要保护气体，通常需要使用钎剂。但在含磷钎料钎焊紫铜的场合，高温下与氧化物结合的磷，防止了自由氧化物的形成，可润湿接头表面，具有自钎剂的作用，因此即使不加钎剂也可以取得很好的效果。

火焰钎焊是广泛使用的方法，设备的初期投资低（如手工火焰钎焊），并且操作技术容易掌握。

火焰钎焊是一种方便、灵活的工艺方法，可实现自动化操作。

钎焊的选择范围广，从低温的银基钎料到高温的镍和铜基钎料都可以应用。

5.4.7　铜及其合金的钎焊

与钢相比，铜及铜合金热膨胀系数较高，钎焊异种金属时必须考虑。钎焊铜及铜合金时，没有适应的保护措施，裂纹、变形及软化等都会发生。

软化的应对措施：

（1）对除了钎焊面以外的组件冷却；

（2）浸入水中；

（3）使用湿抹布包裹起来，或提供一个散热器，保持整个部件的温度尽量降低。

另外，使用低熔点钎料，采用短的保温时间也能减轻软化。

5.4.8　安全技术

（1）目视检查钎焊工具焊枪、气管、焊剂瓶、点火器等，保证其完好。

（2）用发泡剂检查钎焊工具各连接部位是否有泄漏，保证无泄漏。

（3）按规定穿戴劳动保护用品，不要穿戴油污的工作服、手套。

（4）点火时必须十分注意，切勿将火焰朝向人。

（5）作业完成后，必须关闭 LPG 气体和氧气的阀门。

（6）液体焊剂瓶的安全装置必须齐全，并进行定期清洗，保持洁净。

（7）液体焊剂量应处于焊剂瓶视镜的中部。

(8) LPG 气体和氧气管道上使用的压力表必须经检定合格且在有效期内。

(9) 工装、夹具、工具等必须定置摆放。

复习思考题

(1) 等离子弧是经过了________的电弧。

(2) 等离子气割的安全特点有哪些?

(3) 等离子弧切割设备由哪几部分组成?

(4) 埋弧焊的工艺参数有哪些?

(5) 按照焊接工艺的不同，电阻焊可以分为哪四类?

(6) 根据钎料熔点的不同，钎焊可以分为________钎焊和________钎焊。

6 焊接与切割劳动卫生与防护

6.1 有害因素的来源及危害

金属材料在焊接过程中的有害因素可分为金属尘烟、有毒气体、高频电磁场、射线、电弧辐射和噪声等几类。出现哪类因素，主要与焊接方法、被焊材料和保护气体有关，而其强烈程度受焊接规范的影响。

6.1.1 烟尘

6.1.1.1 金属烟尘的形成

在电气焊接过程中都会产生有害烟尘，包括烟和粉尘。被焊材料和焊接材料熔融时产生蒸气在空中迅速氧化和冷凝，从而形成金属及化合物微粒。直径<0.1μm 的微粒称为烟，在 0.1~10μm 之间的称为粉尘。

这些微粒飘落在空气中形成了烟尘。焊接电弧的温度高于 3000℃，而弧中心温度高于 6000℃。气焊时焰心温度亦高于 3000℃。可见电气焊接过程中在如此高温下进行，就必然引起金属元素的蒸发和氧化，这些金属元素来源于焊材和被焊金属。

从表 6-1 中元素的沸点与上述焊接温度便可看出金属蒸发现象。

表 6-1 几种金属元素的沸点

元素	Fe	Mn	Si	Cr	Ni
沸点/℃	3235	1900	2600	2200	3150

黑色金属焊接时灰尘量及主要毒物见表 6-2。

表 6-2 黑色金属焊接时灰尘量及主要毒物

焊接工艺		灰尘量/g·kg^{-1}	粉尘中主要毒物	备注（成分因素）
手工电弧焊	低氢型碳钢焊条（E5015）	11.1~13.1	F、Mn	Mn 4.2%~5.4%；可熔性 F 8.5%~10.7%；全 F 21.4%
	钛钙型低碳钢焊条（E4303）	7.7	Mn	Mn 7.7%；可熔性 F 17%；全 F 1.7%
	钛铁矿型低碳钢焊条（E4301）	11.5	Mn	灰尘量与电流关系较大
	高效率铁粉焊条	10~22	Mn	
气保焊	CO_2 保护药芯焊丝	11~13	Mn	灰尘量与电流无关
	CO_2 保护实芯焊丝	8	Mn	
	Ar +5%O_2保护实芯焊丝	3~6.5	Mn	

6.1.1.2 金属烟尘的危害

焊接金属烟尘的主要成分很复杂。焊接黑色金属材料时，烟尘的主要成分是 Fe、Si、Mn；焊接其他不同材料时，产生的烟尘还有 AlO_2、Zo、Mo 等。上述成分中，主要有毒物是 Mn；使用低氢型焊条的手工电弧焊接时，粉尘中含有极毒的可溶性 F。

焊工长期接触金属烟尘，如防护不良，吸进过多的烟尘，将引起头痛、恶心、气管炎、肺炎，甚至形成焊工尘肺、金属热和 Mn 中毒的危险。

烟尘还能引起像肺粉尘沉着症、支气管哮喘，过敏性肺炎，非特异性慢性阻塞性肺病，有些放射性粉尘含有致癌作用，有毒粉尘的吸入还可以引起全身性中毒症状。

A 焊工尘肺

尘肺是指由于长期吸入超过规定浓度的粉尘，引起肺组织弥漫性纤维化病变的病症。

现代研究指出，焊接区周围空气中除了大量氧化铁和铝等粉尘之外，尚有许多种具有刺激性和促使肺组织纤维化的有毒因素。例如锰、铬、氟化物及其他金属氧化物，还有臭氧、氮氧化物等混合烟尘和有毒气体。目前一般认为，由于长期吸入超过允许浓度的上述混合烟尘和有毒气体，在肺组织中长期作用就形成混合性尘肺。因而焊工尘肺不同于铁木沉着症和矽肺。

人体对进入呼吸道的粉尘具有一定的自我防御能力，有以下几种防御形式：

（1）鼻腔里的黏液分泌等可以使大于 10μm 的尘粒沉积下来，而后被导出体外。

（2）直径在 2~10μm 之间的尘粒深入呼吸道进入各级支气管后，流速减缓而沉积，黏着在各支气管上，其中大多数通过黏膜上皮的纤毛运动，伴随黏液向外移动、传出，通过咳嗽互射到体外。

引入肺泡的粉尘一部分随呼气排出体外，一部分沉降于肺内，被巨噬细胞吞噬，其中一部分可能进入肺泡周围组织，沉积于局部，或进入血管和支气管旁的淋巴管，进而引起病变。

由上所述，可看出人体对粉尘有良好的防御能力。但是防尘措施不好，长期吸入浓度较高的粉尘，仍可对人体产生不良的影响，形成焊工尘肺。

焊工尘肺是一种职业病。

焊工尘肺的发病一般比较缓慢，有的病例是在不良条件下接触烟尘长达 15~20 年以上才发病的，表现为呼吸系统的症状，如气短、咳嗽、胸闷和胸痛，有的患者呈无力，食欲不振，体重减轻及精神衰弱等。

B 锰中毒

焊工长期使用高 Mn 焊条以及使用高 Mn 钢，如防护不良，锰蒸气氧化而成的 MnO 及 Mn_3O_4 等氧化物烟尘，就会大量被吸入呼吸系统和消化系统，侵入机体。排不出体外的余量锰及其化合物会在血液循环中与蛋白质相融合，以难溶盐类形式积蓄在脑、肺、肾，淋巴结和毛发等处，并影响末梢神经系统和中枢神经系统引起器质性的改变，造成 Mn 中毒。

锰中毒发病很慢，大多数在接触了 3~5 年后甚至长达 20 年才逐渐发病。早期症状为乏力、头痛、头晕、失眠、记忆力减退以及植物神经紊乱，中毒进一步发展，神经症状均更加明显，动作迟钝困难，甚至走路左右摇摆，书写时震颤等。

C　焊工金属热

焊接金属烟尘中的 Fe、MnO 微粒和氟化物等物质容易通过上呼吸道进入末梢细支气管和肺泡，再进入体内，引起焊工金属“热”反应。手工电弧焊时，碱性焊条比酸性焊条容易产生“金属热”症状。焊工金属热反应主要症状是工作后寒颤，继之发烧、倦怠、口内金属味、恶心、喉痒、呼吸困难，胸痛、食欲不振等。据调查，在严密罐内、船舱内使用碱性焊条焊接的焊工，当通风措施和个人防护不力时，容易得此症状。

6.1.2　有毒气体

在电气焊周围空间形成多种有毒气体，特别是电弧焊接中在焊接电弧的高温和强烈紫外线的作用下，形成有毒气体的程度更为厉害。所形成的有毒气体中主要有 O_3、氮气化物（NO、NO_2）、CO 和 HF 等。

有毒气体成分及量的多少与焊接方法、焊接材料、保护气体和焊接规范有关。例如：采用熔化极氩弧焊焊接碳钢时，由于紫外线激发作用而产生的臭氧量可达 73mg/min，而采用 CO_2 气体保护焊焊接碳钢时，臭氧量仅为 7μg/min 左右。气体焊割过程中产生的毒气相对少些，主要是 CO 和氮氢化物。但当使用有氟化物的溶剂时，还产生 HF 有毒气体。

各种有毒气体被吸入人体内，都影响操作者的健康。

6.1.2.1　臭氧（O_3）

空气中的氧，在短波紫外线的激发下，被大量破坏而生成 O_3，臭氧是一种淡蓝色的有毒气体，具有刺激性气味。明弧焊可产生臭氧，氩弧焊和等离子弧焊更为突出。

臭氧浓度与焊件材料、焊接规范保护气体等有关。一般情况下，手工弧焊时的 O_3 浓度较低。长期吸入臭氧可引起咳嗽、头晕、胸闷乏力。

6.1.2.2　氮氧化物（NO、NO_2）

由于焊接的高温作用，引起空气中氮、氧分子离解，重新结合而成氮氧化物。其中主要是 NO_2（NO 等不稳定），常以 NO 浓度来表示氮氧化物存在情况。

氮氧化物属于具有刺激性的有毒气体，主要表现为对肺部的刺激作用。高浓度的 NO_2 被吸入肺泡后，约可阻留 80%，逐渐与水形成硝酸与亚硝酸。

硝酸与亚硝酸对肺组织产生强烈的刺激和腐蚀作用，引起中毒。慢性中毒主要症状是精神衰弱，如失眠、头痛、食欲不振，体重下降。高浓度氮氧化物能引起急性中毒，其中轻者仅发生急性气管炎；重度中毒时，引起咳嗽激烈、呼吸困难、虚脱、全身软弱等症状。

6.1.2.3　一氧化碳（CO）

各种电气焊都能产生一氧化碳有毒气体，二氧化碳保护焊产生的一氧化碳浓度最高。

电弧焊时 CO 的来源一是由于 CO_2 气体在高温下发生分解反应而形成。二是由于电气焊时 CO_2 与熔化了的金属元素发生反应生成 CO 气焊。O_2-C_2H_2 火焰也产生 CO。

CO 是一种窒息气体，可通过肺泡进入血液与白红蛋白合成碳氧血红蛋白，阻碍血液的带氧能力，使人体组织缺氧坏死，严重中毒可使人窒息。

焊接中一般不会发生较重的 CO 中毒现象，只有通风不良的条件下，焊工血液中碳氧白红蛋白才高于常人。

6.1.2.4 氟化氢（HF）

HF 主要产生于手工弧焊。使用碱性焊条时，焊条药皮里常含有萤石（CaF_2），在电弧的高温作用下形成 HF 气体。

HF 为无色气体，极易溶于水形成氢氟酸，其腐蚀性很强，毒性剧烈。吸入较高浓度的HF 气体可立即引起眼、鼻和呼吸道黏膜的刺激症状，严重时发生支气管炎、肺炎等。

还需要指出，烟尘与有毒气体存在着一定的内在关系。电弧辐射越弱，则烟尘越多，有毒气体浓度越低；电弧辐射越强，则烟尘越少，有毒气体浓度越高。

6.1.3 弧光辐射

电弧放电时，一方面高热，同时还会产生弧光辐射。

据测定：CO_2 保护焊的弧光辐射是手工弧焊的 2~3 倍，氩弧焊的弧光辐射是手工点弧焊的 5~10 倍。而等离子弧焊的弧光辐射比氩弧焊更剧烈。

焊接弧光辐射主要包括可见光、红外线和紫外线。弧光辐射作用到人体上，被体内组织吸收，引起组织的热作用、光作用和电离作用，造成人体组织的急性或慢性损伤。

6.1.3.1 紫外线

焊接电弧产生的强烈紫外线对人体健康有一定的危害，可引起皮炎、弥漫性红斑，有时出现小水泡、渗出液和浮肿，有烧灼发痒的感觉。紫外线对眼睛的短时照射就会引起急性角膜炎，称为电光性眼炎，这是明弧焊工和辅助工人一种常见的职业性眼病。同时，焊接电弧的紫外线辐射对纤维的破坏能力也很强，其中棉织品损伤最严重。白色织物由于反射能力强，耐紫外线辐射能力较强。（前些年焊工工作服多为白帆布做的，就是这个道理。）

6.1.3.2 红外线

红外线对人体的危害主要是引起组织的热作用。焊接过程中，眼部受到强烈的红外线辐射，立即会感到强烈的灼伤和灼痛，发生闪光幻觉，长期接触还可能造成红外线白内障、视力减退，严重时能导致失明。此外还可能造成视网膜灼伤。

6.1.3.3 可见光线

焊接电弧可见光线的光度，比肉眼正常承受的光度高 1 万倍以上。受到照射时，眼睛有疼痛感，一时看不清东西，通常叫“晃眼”，在短时间内失去劳动能力，但不久即可恢复。

6.1.4 噪声

在等离子弧喷枪内，由于气流间压力的起伏、振动和摩擦，并从枪口高速喷射出来

（高达 10km/min），就产生了噪声。噪声的强度与成流气体的种类、流动速度、喷枪的设计以及工艺性能有密切的关系。等离子弧喷涂和等离子弧切割因工艺要求有一定的冲击力，因而噪声强度高。喷涂时，噪声强度可达 123dB（A），切割时（常用功率 30km）噪声强度可达 111. 3dB（A），大功率（150kW）噪声速度可达 118. 3dB(A)。噪声卫生标准见表 6-3。

表 6-3　噪声卫生标准

每个工作日接触噪声时间/h	新制造、扩造、改造企业允许噪声/[dB（A）]	现有企业暂时允许噪声/[dB（A）]
8	85	90
4	88	93
2	91	96
1	94	99
最高不超过 115［dB（A）］		

人体对噪声最敏感的是听觉器官。无防护情况下强烈噪声可以引起听觉障碍、噪声性外伤、(震耳欲聋）耳聋等症状。长期接触噪声还会引起中枢神经系统和血管系统失调，出现厌倦、烦躁、血压升高、心跳过速等症状。

此外，噪声还可以影响内分泌系统，有些敏感的女工可发生流产和其他内分泌腺功能紊乱现象。

6.1.5　放射性物质

氩弧焊和等离子弧焊使用的钍钨电极中含有钍，钍是天然放射物质，能放出 α、β、δ 三种射线。其中，α 射线占 90%；β 射线占 9%；δ 射线占 1%。γ 射线穿透性最强。焊接操作时，基本危害形式是含有钍及基衰变产物的烟尘被吸入体内，它们很难被排出体外，因而形成内照射。外照射危害较小，容易用纸、布料及其他材料屏蔽。射线不超过允许值，就不会对人体产生危害。但人体长期受到超容许剂量的照射，或者放射性物质经常少量进入并积蓄在体内，则可能引起病变，造成中枢神经系统、造血器官和消化系统的疾病，严重的可能发生放射病。

根据对氩弧焊和等离子焊的放射性测定，一般都低于最高允许浓度。但在钍钨棒磨尖、修理，特别是储存地点，放射线浓度大大高于焊接地点，可达到或接近最高允许浓度，要特别加强防护。

6.1.6　高频电磁场

在非熔化极氩弧焊和等离子弧焊割时，常用高频振荡器来激发引弧，有的交流氩弧焊机还用高频振荡器来稳定电弧。人体在高频电磁场作用下会吸收一定的辐射能量，产生生物学效应，主要是热作用。

高频电磁场强度受许多因素影响，如离振荡器和振荡器回路越近场强度越高，反之则越低，同时与屏蔽程度有关。

据测定，手工极氩弧焊时，焊工手部的电磁场强度可高达 100V/m，是卫生标准（20V/m）的 5 倍，身体其余部分超过卫生标准 2~3 倍。

人体在高频电磁场作用下会产生生物学效应，焊工长期接触高频电磁场能引起植物神经功能紊乱和神经衰弱，表现为全身不适、疲乏、头晕头痛，食欲不振、失眠及血压偏低等症状，甚至白血球总数减少或增多，窦性心律不齐，轻度贫血等。高频电磁场会使焊工产生一定麻痹现象，这在高处作业时非常危险，所以高空作业不准使用高频振荡器进行焊接。

按我国卫生标准几种有害气体的最高允许浓度见表6-4。

表 6-4 按我国卫生标准几种有害气体的最高允许浓度

有毒气体	最高允许浓度/mg · m^{-3}
O_3	0.3
（换算成）N_2	5
CO	30
F	1
ZnO	5
铅烟	0.03
（换算成）MnO_2	0.2

6.2 焊接与切割作业的劳动卫生及防护措施

生产劳动过程中需要进行保护，就是要把人体同生产中的危险因素和有毒因素隔离开来，创造安全、卫生和舒适的劳动环境，以保证安全生产。安全生产包括两个方面的内容：一是要预防工伤事故的发生，即预防触电、火灾、爆炸、金属飞溅和机械伤害等事故；二是要预防职业病的危害，防尘、防毒、防射线和噪声等。

6.2.1 通风防护措施

电气焊接过程中只要采取完善的防护措施，就能保证电气焊工只会吸入微量的烟尘和有毒气体。通过人体的解毒作用和排泄作用，就能把毒害减到最小程度，从而避免发生焊接烟尘和有毒气体中毒现象。

通风技术措施是消除焊接粉尘和有毒气体、改善劳动条件的有力措施。

6.2.1.1 通风措施的种类和适应范围

按通风范围，通风措施可分为全面通风和局部通风。由于全面通风费用高，不能立即降低局部区域的烟雾浓度，且排烟效果不理想，因此除大型焊接车间外，一般情况下多采用局部通风措施。

6.2.1.2 机械通风措施

机械通风指利用通风机械送风和排风进行换气和排毒。

焊接采用的机械排气通风措施以局部机械排气应用最广泛，使用效果好、方便、设备费用较少。

局部机械排气装置有固定、移动和随机式三种。

A　固定式通风装置

（1）全面通风。在专门的焊接车间或焊接量大、焊机集中的工作地点应考虑全面机械通风，可集中安装数台轴流式风机向外排风，使车间内经常更换新鲜空气。

全面机械通风排烟的方法主要有三种，各有不同特点，见表6-5。

表6-5　三种全面通风方法的比较

方法	上抽排烟	下抽排烟	横向排烟
简图	48	47	
说明	对作业空间仍有污染，适用于新建车间	对作业空间污染最小，但需考虑采暖问题。适用于新车间	对作用空间仍有污染。适用于老厂房改造

（2）局部通风分为送风和排气两种。局部送风只是暂时地将焊接区域附近作业地带的有害物质吹走，虽对作业地带的空气起到一定的稀释作用，但可能污染整个车间，起不到排除粉尘与有毒气体的目的。局部排气是目前采用的通风措施中使用效果良好、方便灵活、设备费用较少的有效措施。其具体形式如图6-1所示。

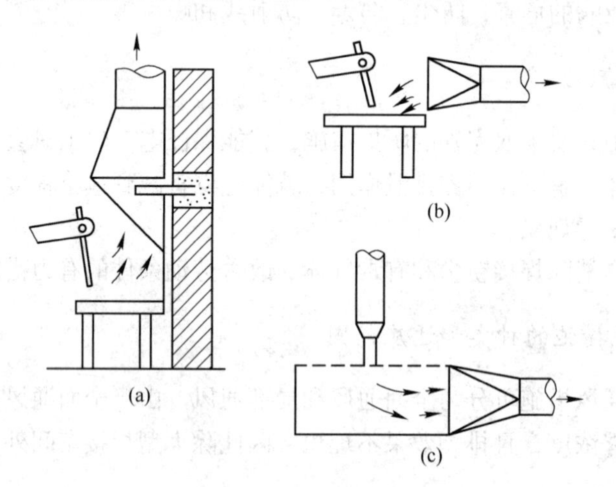

图6-1　固定式排烟罩

（a）上轴；（b）侧轴；（c）下轴

固定式排烟罩适用于焊接地点固定、工件较小的情况。设置这种通风装置时，应符合以下要求：使排气途径合理，即有毒气体、粉尘等不经过操作者的呼吸地带，排出口的风速以1m/s为宜；风量应该自行调节；排出管的出口高度必须高出作业厂房顶部1~2m。

B 移动式排烟罩

移动式排烟罩具有可以根据焊接地点的操作、位置的需要随意移动的特点。因而在密闭船舱、化工容器和管道内施焊，或在大作业厂房非定点焊时，采用移动式排烟罩具有良好效果。

使用这种装置时，将吸头置于电弧附近，开动风机即能有效地把烟尘和毒气吸走。

移动式排烟罩的排烟系统是由小型离心风机、通风软管、过滤器和排烟罩组成。目前，应用较多、效果良好的形式有净化器固定吸头移动型、风机及吸头移动型和轴流风机烟罩。

净化器固定吸头移动型如图 6-2 所示。这种排烟罩用于大作业厂房非定点施焊比较适宜。吸风头 1 可随焊接操作地点移动。风机及吸头移动型可调节吸风头与焊接电弧的距离从而改变抽风效果，如图 6-3 所示。

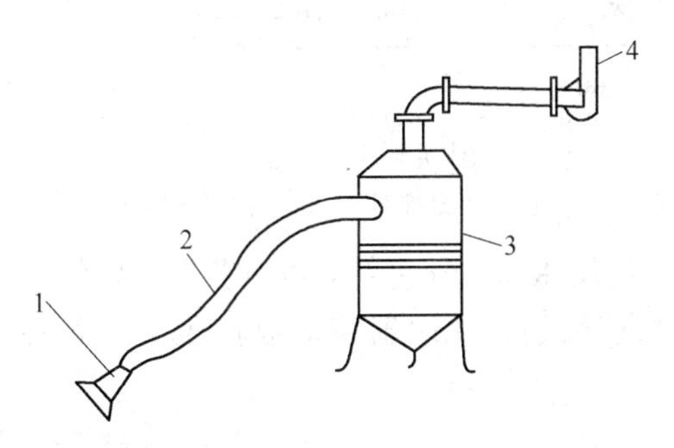

图 6-2 净化器固定吸头移动式排烟系统

1—吸风头；2—软管；3—过滤；4—风机

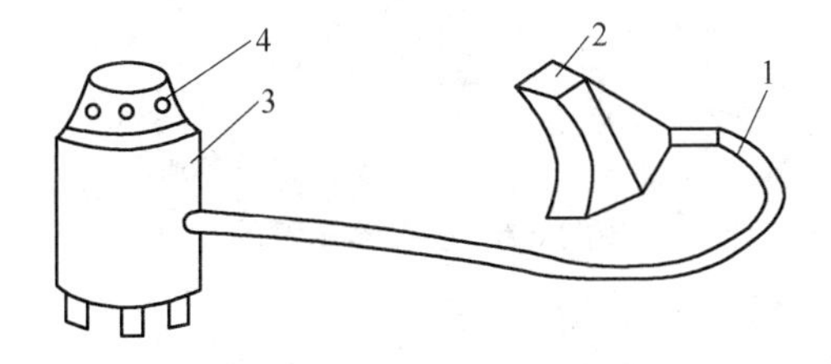

图 6-3 风机和吸头移动式排烟系统

1—软管；2—吸风头；3—净化器；4—出气孔

轴流风机排烟罩如图 6-4 所示。这种装置带有活动支撑脚，移动方便省力。

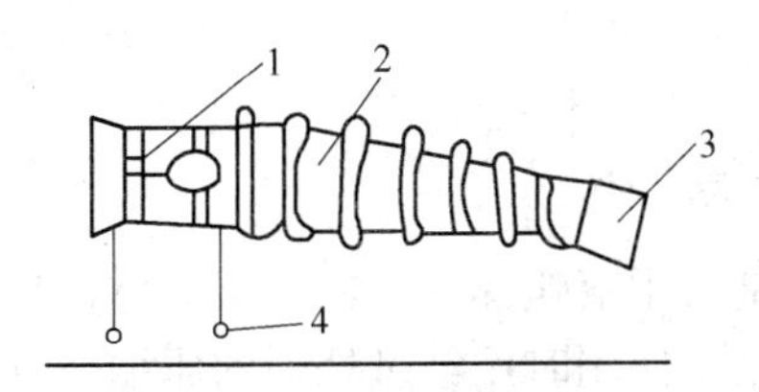

图 6-4 轴流风机排烟系统

1—软管；2—导风管；3—净化器；4—活动支撑架

C　随机式排烟罩

随机式排烟罩的特点是固定在自动焊机头上或其附近，排风效果显著。一般使用微型风机或气力引射子为风源，它又分近弧和隐弧排烟罩两种形式，如图 6-5 所示。隐弧罩的排风效果最佳。

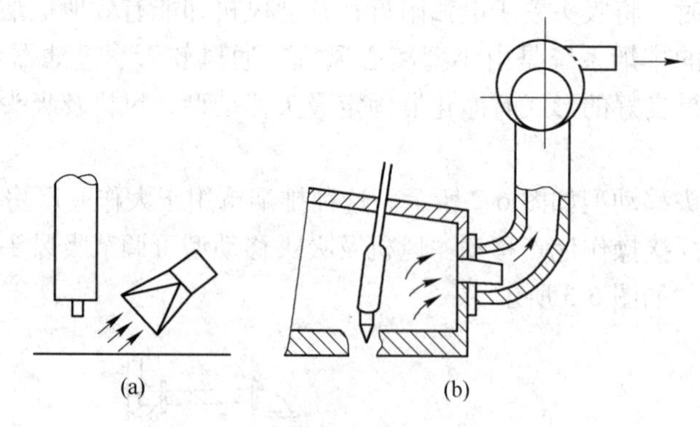

图 6-5　随机式排烟罩
（a）近弧排烟罩；（b）隐弧排烟罩

焊接锅炉、容器时，使用压缩空气引射器也可获得良好的效果，其排烟原理是利用压缩空气从压缩空气管中高速喷射，在引射室造成负压，从而将有毒烟尘吸出，如图 6-6 所示。

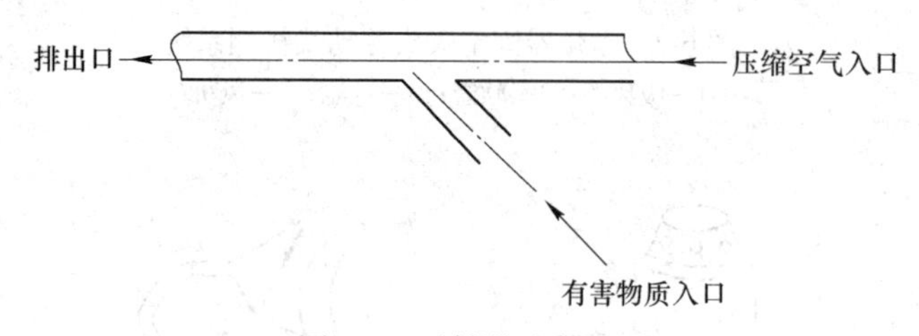

图 6-6　引射器示意图

6.2.2　个人防护措施

个人防护措施：当作业环境良好时，如果忽视个人防护，人体仍有受害危险，当密闭容器内作业时危害更大。因此，加强个人的防护措施至关重要。一般个人防护措施除穿戴好工作服、鞋、帽、手套、眼镜、口罩、面罩等防护用品外，必要时可采用送风盔式面罩（图 6-7）及防护口罩（图 6-8）。

6.2.2.1　预防烟尘和有毒气体

当在容器内焊接，特别是采用氩弧焊、二氧化碳气体保护焊，或焊接有色金属时，除加强通风外，还应戴好通风帽。使用时用经过处理的压缩空气供气。切不可用氧气，以免发生燃烧事故。

6.2.2.2　预防电弧辐射

电弧辐射中含有的红外线、紫外线及强可见光对人体健康有着不同程度的影响，因而

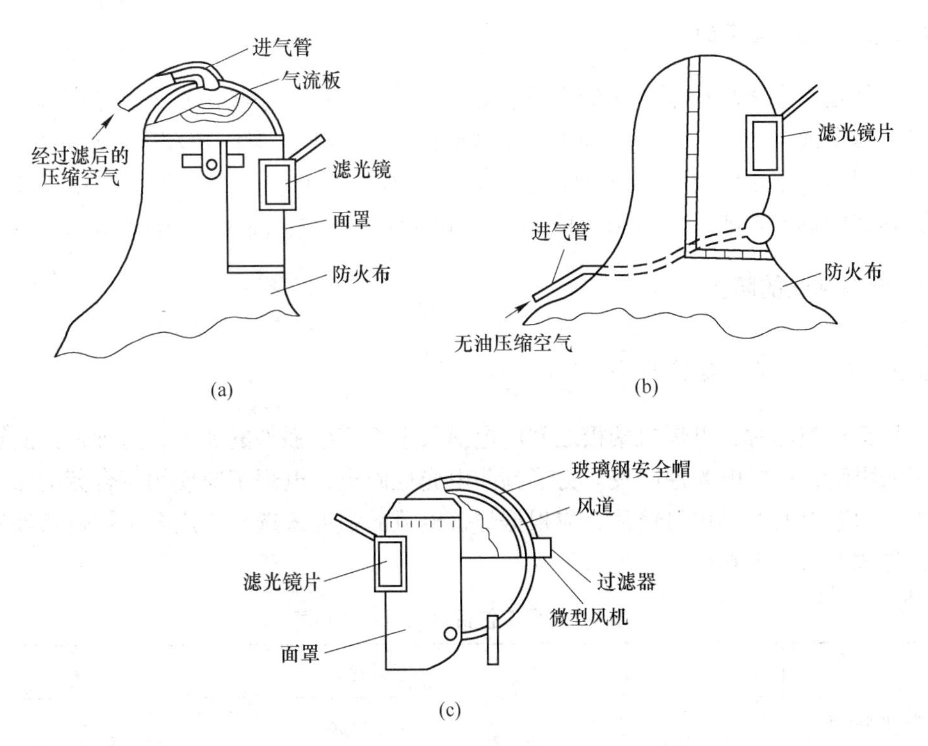

图 6-7　送风盔式面罩
(a) 头箍式头盔（顶送风）；(b) 肩托式头盔（下送风）；(c) 风机内藏式头盔

在操作过程中，必须采取以下防护措施：工作时必须穿好工作服（以白色工作服最佳），戴好工作帽、手套、脚盖和面罩；在辐射强烈的作业场合，如氩弧焊时，应穿耐酸呢或丝绸工作服，并戴好通风焊帽；在高温条件下焊接应穿石棉工作服及石棉作业鞋等；工作地点周围应尽可能放置屏蔽板，以免弧光伤害他人。

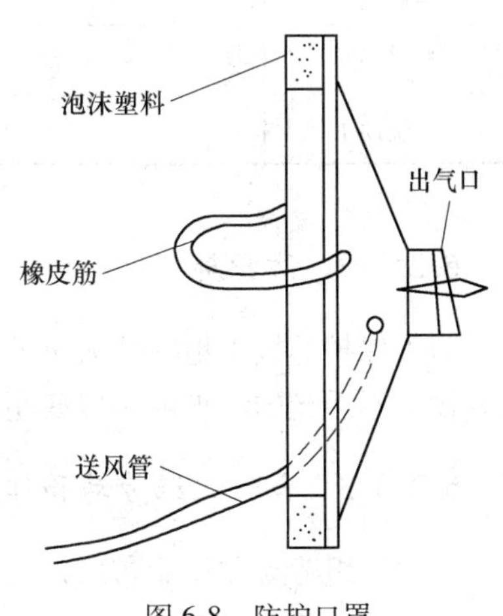

图 6-8　防护口罩

6.2.2.3　对高频电磁场及射线的防护

在氩弧焊用高频引弧时会产生高频电磁场，应在焊枪的焊接电缆外面套一根铜丝软管进行屏蔽。将外层绝缘的铜丝编制软管一端接在焊枪上，另一端接地，同时应在操作台附近地面垫上绝缘橡皮等。

当钨极氩弧焊采用钍钨棒作电极时，因钍具有微量放射性，虽在一般的规范和短时间操作的情况下，对人体无多大危害，但在密闭容器内焊接或选用较强的焊接电流的情况下，以及在磨尖钍钨棒的操作过程中，对人体的危害就比较大。故除加强通风和穿戴防护用品外，还应戴通风焊帽；焊工应有保健待遇；最好采用无放射性危害的铈钨棒来代替钍钨棒。

6.2.2.4　对噪声的防护

长时间处于噪声环境下工作的人员应戴上护耳器，以减小噪声对人的危害程度。护耳器有隔音耳罩或隔音耳塞等。耳罩虽然隔音效能优于耳塞，但体积较大，戴用稍有不便。耳塞种类很多，常用的有耳研 5 型橡胶耳塞，具有携带方便、经济耐用、隔音较好等优点。该耳塞的隔音效能低频为 10～15dB，中频为 20～30dB，高频为 30～40dB。

6.2.3　电焊弧光的防护

6.2.3.1　电焊护目镜片

电焊工在施焊时，电焊机两极之间的电弧放电将产生强烈的弧光，这种弧光能够伤害电焊工的眼睛，造成电光性眼炎。为了预防电光性眼炎，电焊工应使用符合劳动保护要求的面罩。面罩上的电焊护目镜片，应根据焊接电流的强度来选择，用合乎作业条件的遮光镜片，具体要求见表 6-6。

表 6-6　焊工护目遮光镜片选用表

焊接切割种类	镜片遮光号			
	焊接电流/A			
	≤30	>30～75	>75～200	200～400
电弧焊	5～6	7～8	8～10	11～12
碳弧气刨	—	—	10～11	12～14
焊接辅助工	3～4			

6.2.3.2　防护屏

为了保护焊接工地其他人员的眼睛，一般在小件焊接的固定场所和有条件的焊接工地都要设立不透光的防护屏，屏底距地面应留有不大于 300mm 的间隙，式样如图 6-9 所示。

6.2.3.3　合理组织劳动和作业布局

合理组织劳动和作业布局，以免作业区过于拥挤。

6.2.3.4　注意眼睛的适当休息

焊接时间较长，使用规模较大，应注意中间休息。如果已经出现电光性眼炎，应到医务部门治疗。

6.2.4　电弧灼伤的防护

（1）焊工在施焊时必须穿好工作服，戴好电焊用手套和脚盖。绝对不允许卷起袖口，穿短袖衣以及敞开衣服等进行电焊工作，防止电焊飞溅物灼伤皮肤。

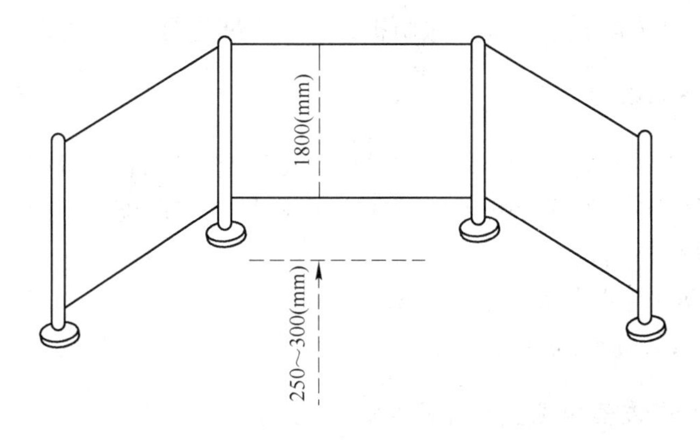

图 6-9　电焊防护屏示意图

（2）电焊工在施焊过程中更换焊条时，严禁乱扔焊条头，以免灼伤别人和引起火灾事故发生。

（3）为防止操作开关和闸刀时发生电弧灼伤，合闸时应将焊钳挂起来或放在绝缘板上；拉闸时必须先停止焊接工作。

（4）在焊接预热焊件时，预热好的部分应用石棉板盖住，只露出焊接部分进行操作。

（5）仰焊时飞溅严重，应加强防护，以免发生被飞溅物灼伤事故。

6.2.5　高温热辐射的防护

6.2.5.1　电弧是高温强辐射热源

焊接电弧可产生3000℃以上的高温。手工焊接时电弧总热量的20%左右散发在周围空间。电弧产生的强光和红外线还造成对焊工的强烈热辐射。红外线虽不能直接加热空气，但在被物体吸收后辐射能转变为热能，使物体成为二次辐射热源。因此，焊接电弧是高温强辐射的热源。

6.2.5.2　通风降温措施

焊接工作场所加强通风设施（机械通风或自然通风）是防暑降温的重要技术措施，尤其是在锅炉等容器或狭小的舱间进行焊割时，应向容器或舱间送风和排气，加强通风。

在夏天炎热季节，为补充人体内的水分，应给焊工供给一定量的含盐清凉饮料，这也是防暑的保健措施。

6.2.6　有害气体的防护

（1）在焊接过程中，为了保护熔池中熔化金属不被氧化，在焊条药皮中配有大量产生保护气体的物质，其中有些保护气体对人体是有害的，为了减少有害气体的产生，应选用高质量的焊条，焊接前清除焊件上的油污，有条件的要尽量采用自动焊接工艺，使焊工远离电弧，避免有害气体对焊工的伤害。

（2）利用有效的通风设施，排除有害气体。车间内应有机械通风设施进行通风换气。在容器内部进行焊接时，必须对焊工工作部位输送新鲜空气，以降低有害气体的浓度。

（3）加强焊工个人防护，工作时戴防护口罩；定期进行身体检查，以预防职业病。

6.2.7　机械性外伤的防护

（1）焊件必须放置平稳，特殊形状焊件应用支架或电焊胎夹具保持稳固。

（2）焊接圆形工件的环节焊缝，不准用起重机吊转工件施焊，也不能站在转动的工件上操作，防止跌落摔伤。

（3）焊接转胎的机械传动部分，应设防护罩。

（4）清铲焊接时，应带护目镜。

6.2.8　努力采用和开发安全卫生性能好的焊接技术

在焊接结构生产中，应优先采用和努力开发安全卫生性能好的焊接技术。在焊接结构设计、焊接材料、焊接设备和焊接工艺等各个环节中，应对改善焊接劳动条件予以积极的考虑。推荐选用的焊接技术措施见表 6-7。

表 6-7　改善安全卫生条件的焊接技术措施

目　的	措　施
全面改善安全和卫生条件	1. 提高焊接机械化和自动化水平； 2. 对重复性生产的产品，设计程控焊接生产自动线； 3. 采用各种焊接机械手与机器人
新工艺取代手工焊，以消除焊工触电的危险和避免焊工受到电焊烟尘的危害	1. 优先选用安全卫生、性能优良的埋弧自动焊和摩擦电阻焊等压焊工艺； 2. 对适宜的焊接结构，推广采用重力焊工艺； 3. 选用电渣焊
避免焊工进入狭小空间（如狭小的船舱、容器、管道等）焊接，以减少触电和电焊烟尘对焊工的危害	1. 对薄板和中厚板的封闭和半封闭结构，应优先采取利用各类衬垫的埋弧自动焊、单面焊双面成型工艺； 2. 对适宜结构，推广采用躺焊工艺； 3. 对管道接头，选用能单面焊双面成型的各种焊条，如低氢型打底焊条、纤维素型打底焊条和管接头立向下焊条等
避免手工焊触电	每台手弧焊机均应安装防电击装置
根绝乙炔发生器爆炸	不用乙炔发生器，采用溶解乙炔气瓶
降低氩弧焊的臭氧发生量	在氩气中加入 0.3%的一氧化氮，可使臭氧的发生量降低 90%（西欧称此种混合气为 Mison 气体，已推广使用）
降低等离子切割烟尘和有害气体	1. 采用水槽式等离子切割工作台； 2. 采用水弧等离子切割工艺
降低电焊烟尘	1. 采用发尘量较低的焊条； 2. 采用发尘量较低的焊丝； （注意此为辅助措施，选用焊接材料首先应保证其工艺性能和力学性能，在连续焊接生产中积累的电焊烟尘，仍需靠通风除尘解决）

复习思考题

（1）焊接过程中的有害因素主要有哪些?

（2）焊接弧光的辐射包括哪些?

（3）焊接过程中的个人防护措施有哪些?

（4）焊接烟尘对人体有哪些伤害?

7 焊接应力与变形

焊接过程不同于一般的整体均匀加热，是局部的不均匀加热过程。焊接过程，除了对焊缝金属化学成分、性能以及对焊接热影响区的组织、性能有很大影响外，还会引起焊件各区域不均匀的体积膨胀和收缩，使焊接结构中产生焊接应力及变形。焊接应力往往是直接原因，会降低焊接结构的承载能力和使用寿命。焊接变形不仅影响焊件尺寸精度与外形，而且在焊后要进行大量复杂的矫正工作，严重的甚至使焊件报废。因此，掌握焊接应力与变形的有关知识，对保证焊接结构的质量具有重要意义。

7.1 焊接应力和变形的形成

7.1.1 焊接应力与焊接变形

物体在受到外力作用发生变形的同时，其内部会出现一种抵抗变形的力，这种力称为内力。单位截面积上所受的内力称为应力。

应力并不都是由外力引起的，如物体在加热膨胀或冷却收缩过程中受到阻碍，就会在其内部出现应力，这种情况在不均匀加热或不均匀冷却过程中就会出现。当没有外力存在时，物体内部存在的应力称为内应力。焊接构件由焊接而产生的内应力称为焊接应力，焊后残留在焊件内的焊接应力称为焊接残余应力。

物体在受到外力的作用时会出现形状、尺寸的变化，称为物体的变形。若在外力去除后，物体能恢复到原来的形状和尺寸，这种变形称为弹性变形，反之称为塑性变形。焊件由焊接产生的变形称为焊接变形，焊后焊件残余的变形称为焊接残余变形。

7.1.2 焊接应力与变形产生的原因

为了便于了解焊接应力与变形产生的原因，先对均匀加热时产生的应力与变形进行分析。

7.1.2.1 均匀加热引起应力与变形的原因

假设有一根钢杆，搁在两边无约束的支点上，如图 7-1（a）实线所示；当对钢杆均匀加热后，由于热膨胀使钢杆变粗和伸长，如图 7-1（a）虚线所示；然后，当钢杆均匀冷却后，因冷却收缩，钢杆又会自由恢复到原来的形状和尺寸。由于它热胀和冷缩时均没受到阻碍，所以钢杆不会产生应力和变形。

如果将钢杆嵌在两刚性墙之间，如图 7-1（b）所示，然后对它均匀加热，同样由于热膨胀钢杆要伸长，但由于受到墙的阻挡不能伸长，钢杆在长度上没有变化（假定不产生弯曲），这样在钢杆内就出现了压应力。这相当于钢杆受到热膨胀而伸长了的部分被加在两边墙的“压力”下“压”短了。如果这根钢杆在受热膨胀时被“压缩”了的伸长部分尚在弹性变形范围之内，压应力小于屈服点，则钢杆冷却后仍能恢复原状；如果这根钢杆受膨胀时被“压缩”了的伸长部分已超过弹性变形范围，发生了塑形变形，即压应力达到了屈服点，则冷却后钢杆将比原来缩短，由于能自由收缩，钢杆内不存在内应力，如图 7-1（c）所示。根据测量和计算，处于绝对刚性条件下的低碳钢，当加热温度高于100℃时，钢杆内部的压应力就会超过屈服点，钢杆就会产生压缩塑性变形。

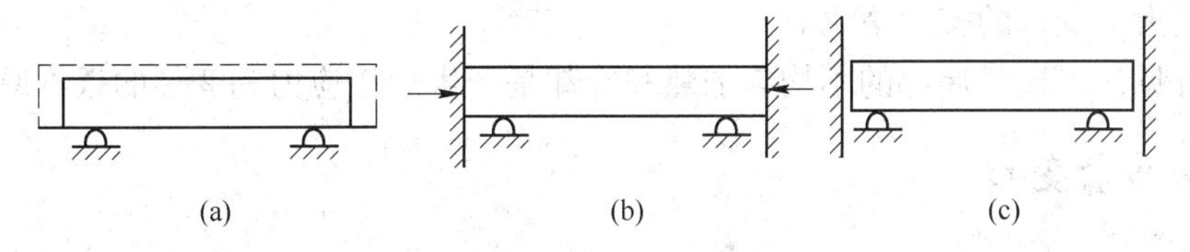

图 7-1　焊接应力和变形产生过程示意图

（a）钢杆自由伸缩；（b）钢杆加热时的变形；（c）钢杆冷却后的变形

如果将钢杆的两端固定好，这样不仅受热膨胀受阻，而且冷却收缩也受阻。由于钢杆在加热温度高于 100℃时就会产生压缩塑性变形，冷却后钢杆长度应缩短，但由于钢杆两端固定不能自由收缩，因此，冷却后在钢杆内部就会出现拉应力。当这个拉应力大于钢杆所固有的强度极限值时，钢杆就会断裂。这就是金属材料在经过加热冷却和由于特定的外界条件而出现内应力的实质。

7.1.2.2　焊接过程引起应力与变形的原因

根据图 7-2 分析平板对接焊接时的应力与变形产生的情况。在焊接过程中，由于焊件经受了不均匀加热，其加热温度为中间高两边低，故为了简化分析，将焊件分为高温区和低温区两部分：焊缝及其附近为高温区，焊缝两侧焊件边缘部分为低温区，并假设高温区内、低温区内的温度均匀一致，如图 7-2（a）所示。

焊接加热时，若焊件高温区与低温区是可分离的，能自由伸缩的两部分，高温区由于温度高将自由伸长，如图 7-2（b）所示。但实际上，焊件是一个整体，高温区不可能自由伸长，其伸长受到低温区的牵制，使其受到压缩产生压应力，当压应力达到屈服点就会产生压缩塑性变形。同时低温区也受到高温区的拉伸作用而伸长产生拉应力，结果焊件将整体伸长 ΔL。

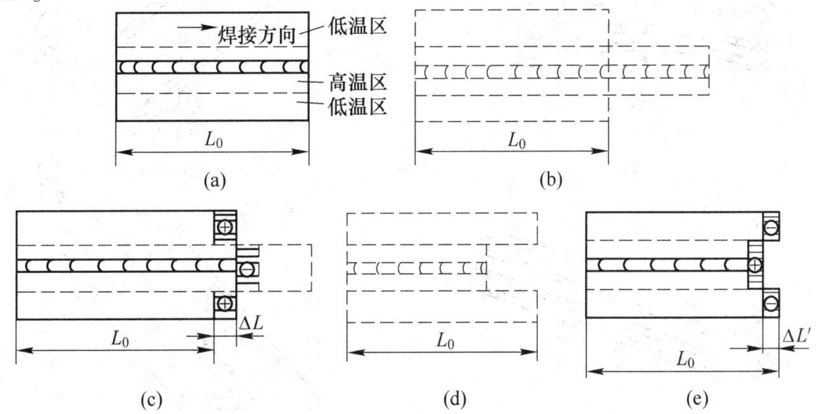

图 7-2　平板对接焊时的焊接应力与变形

（a）原始状态；（b），（c）加热过程；（d），（e）冷却以后

+表示拉应力；−表示压应力

焊接冷却时，由于高温区在加热时产生压缩塑性变形的缘故，若高温区与低温区是可分离的，能自由收缩的，高温区冷却后将自由缩短，如图 7-2（c）所示。同样，由于焊件是一个整体，两边的低温区将阻碍高温区的收缩，使高温区产生拉应力，同时高温区收缩又对低温区有压缩作用，使低温区产生压应力。最后焊件将整体缩短 $\Delta L'$，这就是焊件产生焊接应力与变形的实际情况。

由此可见，焊接时局部的不均匀加热和冷却是产生焊接应力和变形的根本原因。

7.2　焊接残余变形

7.2.1　焊接残余变形的分类

在生产实际中，焊接结构的变形是比较复杂的。按焊接变形对整个结构的影响程度，可将其分为两大类：一类是局部变形，即发生于焊接结构某部分的焊接残余变形。局部变形对结构的使用性能影响较小，一般也容易控制和矫正。另一类是整体变形，它是引起整个焊接结构的形状和尺寸变化的焊接残余变形。

按焊接残余变形的特征，可将焊接残余变形分为收缩变形、角变形、弯曲变形、波浪变形、扭曲变形和错边变形 6 种基本变形形式，如图 7-3 所示。这些基本变形形式的不同组合，形成了实际生产中的焊接变形。

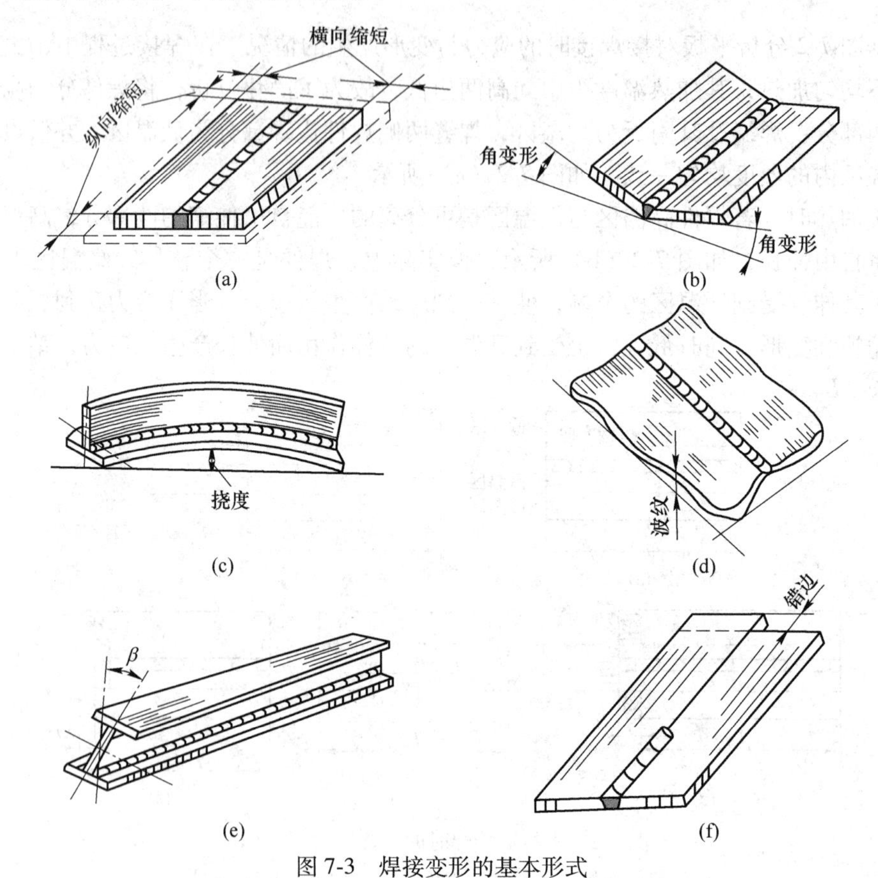

图 7-3　焊接变形的基本形式

（a）收缩变形；（b）角变形；（c）弯曲变形；（d）波浪变形；（e）扭曲变形；（f）错边变形

7.2.1.1 收缩变形

焊件尺寸比焊前缩短的现象称为收缩变形。收缩变形分为纵向收缩变形和横向收缩变形，如图 7-4 所示。

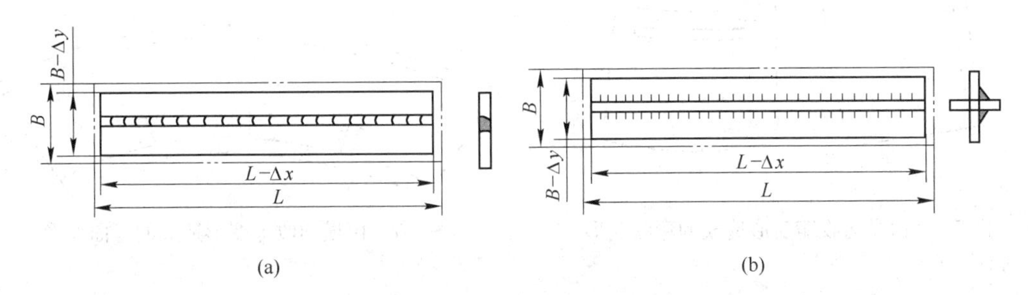

图 7-4 纵向和横向收缩变形

(a) 纵向收缩变形；(b) 横向收缩变形

焊后产生的纵向收缩变形是指纵向缩短，即沿焊缝长度方向的缩短。焊缝的纵向收缩量一般是随着焊缝长度的增加而增加。另外，母材线膨胀系数大，其焊后纵向收缩量也大，如不锈钢和铝的焊后收缩量就比碳钢大；多层焊时，第一层引起的收缩量最大，这是因为焊第一层时焊件的刚度较小。如果焊件在夹具固定的条件下焊接，其收缩量可减少40%~70%，但焊后将引起较大的焊接应力。焊后产生的横向收缩变形是指横向缩短，即垂直焊缝长度方向上的缩短。一般对接焊的横向收缩随着板厚的增加而增加；同样板厚，坡口角越大，横向收缩量越大。

7.2.1.2 弯曲变形

弯曲变形常见于焊接梁、柱、管道等焊件，对这类焊接结构的生产造成较大的危害。弯曲变形的大小以挠度来度量，f 是焊后焊件的中心偏离原焊件中心轴的最大距离，如图 7-5 所示。挠度越大，即弯曲变形越大。

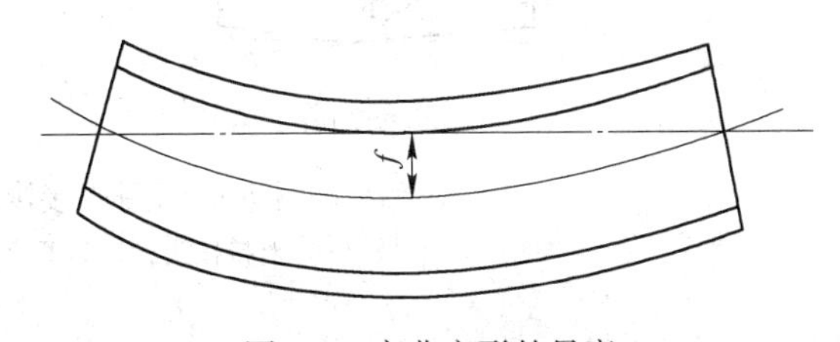

图 7-5 弯曲变形的量度

(1) 由纵向收缩变形造成的弯曲变形。图 7-6 (a) 所示为钢板单边施焊后产生的弯曲变形，这是由于直缝纵向收缩引起总体弯曲变形。为了说明这类变形产生的机理，用一块不太大的焊件，在其一边开一条长腰圆形孔，使边缘留下一条较窄的金属条，焊件的加热集中在这样一个边缘内（图中斜线区域）。如加热很均匀，这种情况如同钢杆在两端固定的状态下加热。在加热时，金属条膨胀受阻，产生压缩塑性变形；冷却后，由于加热区金属力求收缩到比原来的长度短，结果造成了如图 7-6 (b) 所示的弯曲，即焊后产生向焊缝一边的弯曲变形。

(2) 由横向收缩变形造成的弯曲变形。图 7-7 所示是一工字梁，其下部焊有肋板，由于肋板角焊缝横向收缩，就使焊件产生向下弯曲的弯曲变形。

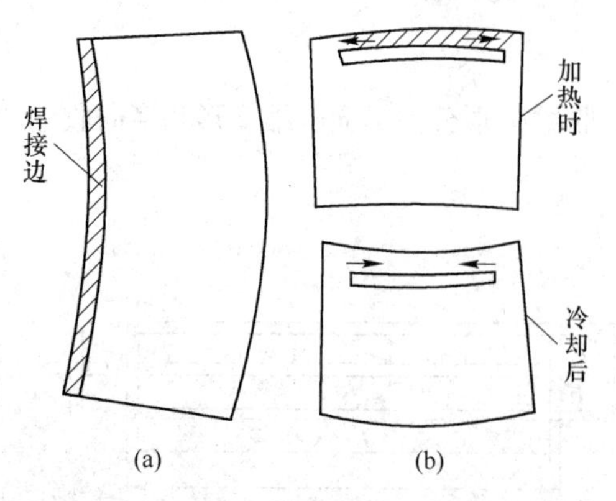

图 7-6　由纵向收缩变形造成的弯曲变形

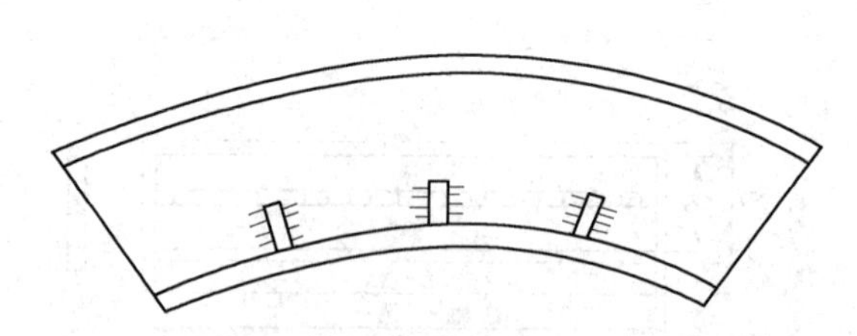

图 7-7　由横向收缩变形造成的弯曲变形

7.2.1.3　角变形

在焊接对接接头、T 形接头、搭接接头及堆焊时，都可能产生角变形，如图 7-8 所示。在焊接（单面）较厚钢板时，在钢板厚度方向上的温度分布是不均匀的，温度高的一面受热膨胀较大，另一面膨胀小，甚至不膨胀。由于焊接面膨胀受阻，出现了较大的横向压缩塑性变形，这样在冷却时就产生了在钢板厚度方向上收缩不均匀的现象，焊缝一面收缩大，另一面收缩小。这种在焊后由于焊缝的横向收缩不均匀使得两连接件间相对角度发生变化的变形叫作角变形。

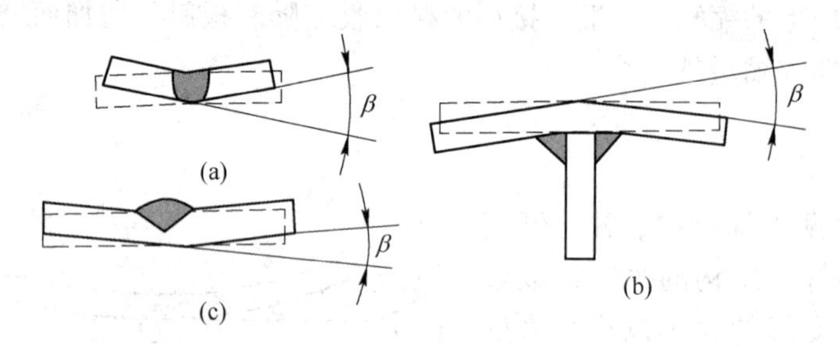

图 7-8　几种焊接接头的角变形

（a）对接接头；（b）T 形接头；（c）堆焊

7.2.1.4　波浪变形

波浪变形又称失稳变形，常在板厚小于 6mm 的薄板焊接结构中产生。产生波浪变形有两种原因：一种是由于薄板结构焊接时，纵向和横向的压应力使薄板失去稳定而造成波浪形的变形，如图 7-9（a）所示；另一种是由于角焊缝的横向收缩引起角变形而造成的，如图 7-9（b）所示。

7.2.1.5　扭曲变形

扭曲变形是构件焊后两端绕中性轴相反方向扭转一角度。它产生的原因较复杂：装配质量不好，即在装配之后焊接之前的焊件位置尺寸不符合图样的要求；构件的零部件形状不正确，而强行装配；焊件在焊接时位置不当，焊接顺序及方向不当等。图 7-10 所示为工形梁的扭曲变形。

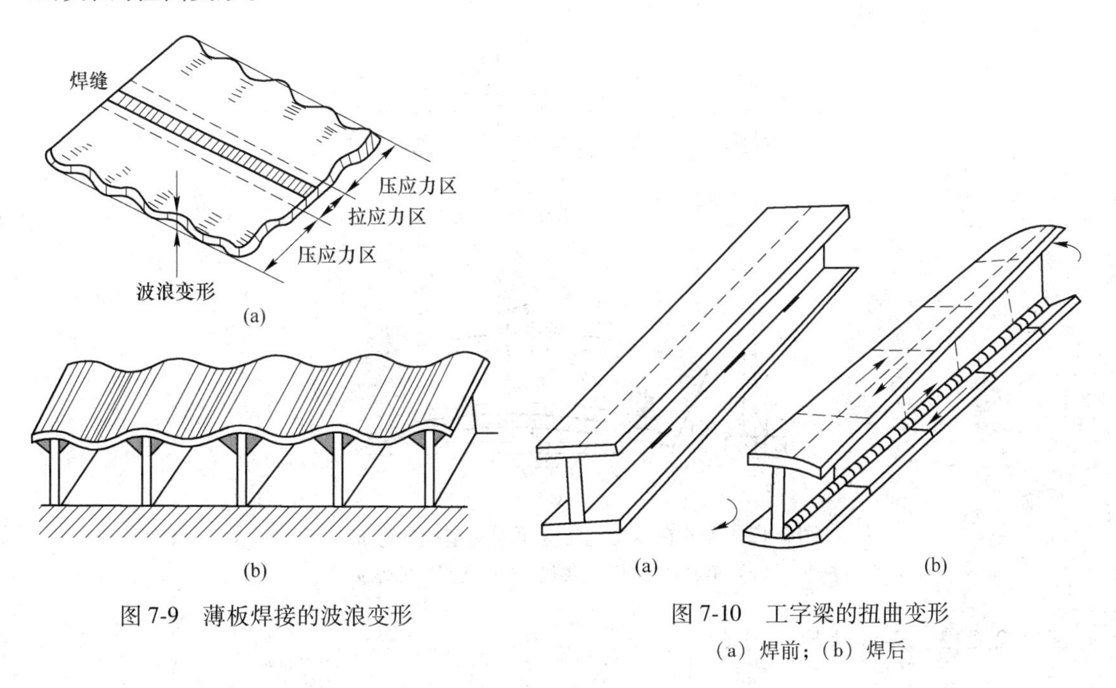

图 7-9 薄板焊接的波浪变形

图 7-10 工字梁的扭曲变形

(a) 焊前；(b) 焊后

7.2.1.6 错边变形

错边变形是两块板材于焊接过程中因刚度或散热程度不等引起的纵向或厚度。方向上位移不一致而造成的变形，如图 7-11 所示。引起焊件错边变形的因素主要有装配不良；组成焊件的两零件在装夹时夹紧程度不一致；组成焊件的两零件的刚度不同或它们的热物理图性质不同；电弧偏离坡口中心等。

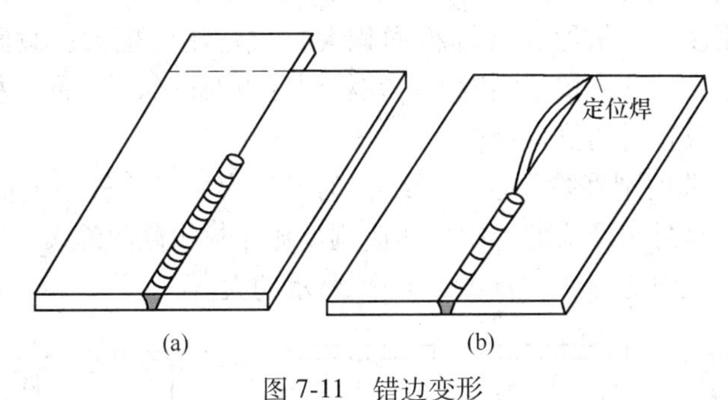

图 7-11 错边变形

(a) 长度方向的错边；(b) 厚度方向的错边

7.2.2 影响焊接残余变形的因素

7.2.2.1 焊缝在结构中的位置

在焊接结构刚度不大、焊缝在结构中布置对称或焊缝在结构的中性轴上且施焊顺序合理，主要产生纵向缩短和横向缩短。焊缝在结构中布置不对称时，则焊后会产生弯曲变形，弯曲方向朝向焊缝较多的一侧。焊缝偏离结构中性轴时，焊后会产生弯曲变形，弯曲方向朝向焊缝一侧；焊缝偏离结构中性轴越远，则越容易产生弯曲变形，如图 7-12 所示。

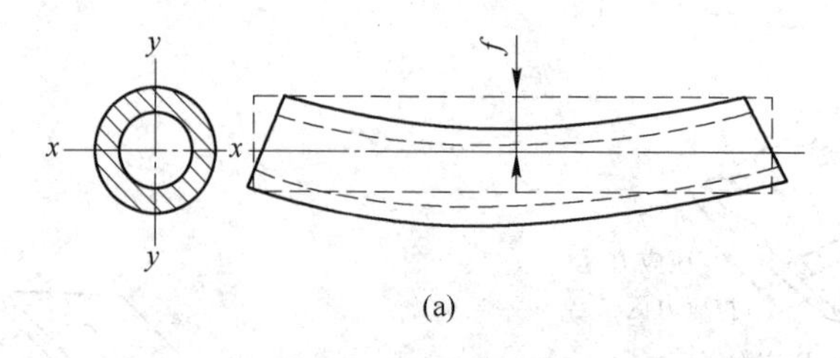

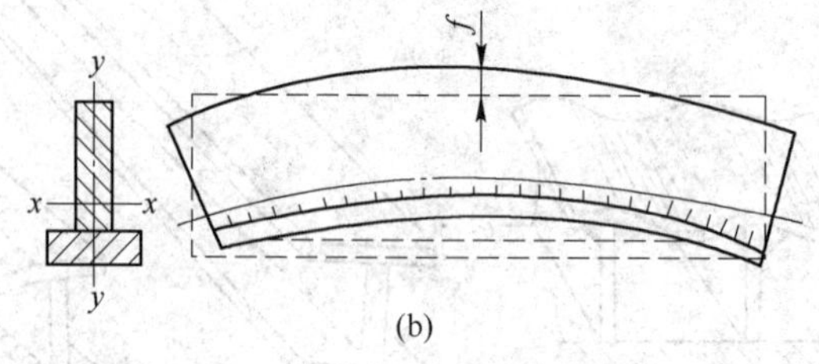

图 7-12　焊缝在结构上位置不对称造成的弯曲变形

（a）单道焊缝的钢管焊接；（b）T 形梁的焊接

7.2.2.2　焊接结构的刚度

焊接结构的刚度是指焊接结构抵抗变形（拉伸、弯曲、扭曲）的能力。结构的刚度大，变形就小；反之，结构的刚度小，变形就大。金属结构的刚度主要取决于结构的截面形状及其尺寸的大小。

（1）结构抵抗拉伸的刚度主要取决于结构截面积的大小。截面积越大、结构抵抗拉伸的刚度越大，变形就越小。

（2）结构抵抗弯曲的刚度主要取决于结构截面形状（图 7-13）和尺寸。就梁来说，一般封闭截面抗弯刚度大；板厚大（即截面积大）抗弯刚度也大；截面形状、面积、尺寸完全相同的两根梁，长度小抗弯刚度大；在相同受力的情况下，同一根封闭截面的箱形梁，垂直放置比横向放置时的抗弯刚度大。

（3）结构抵抗扭曲的刚度除了取决于结构的尺寸大小外，最主要的是结构截面形状的影响。如结构截面是封闭形式的，则抗扭曲刚度比非封闭截面的大。图 7-13（a）、（b）所示的截面，其抗扭能力比图 7-13（d）、（e）所示的大。

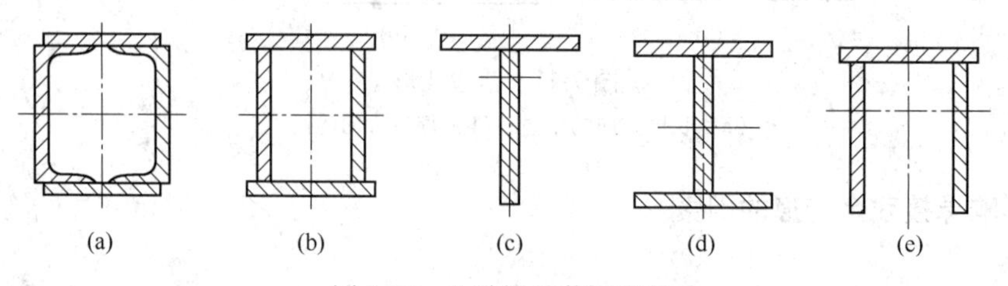

图 7-13　几种梁的截面形状

一般来说，短而粗的焊接结构，刚度较大；细而长的构件，抗弯刚度小。结构整体刚度总是比部件刚度大。因此，生产中常采用整体装配后再进行焊接的方法来减少焊接变形。

7.2.2.3 焊接结构的装配及焊接顺序

焊接结构的刚度是在装配和焊接过程中逐渐增大的，结构整体的刚度比它的零部件刚度大。所以，尽可能先装配成整体，然后再焊接，可减少焊接结构的变形。以工字梁为例，如图 7-14（c）所示，先整体装配再焊接，其焊后的上拱弯曲变形，要比按图 7-14（b）所示边装边焊顺序所产生的弯曲变形小得多。但是，并不是所有焊接结构都可以采用先装配后焊接的方法。

有了合理的装配方法，若没有合理的焊接顺序，结构还是达不到变形最小的程度。即使焊缝布置对称的焊接结构，如焊接顺序不合理，结果还会引起变形。在图 7-14（c）中，若按 1、2、3、4 的顺序焊接，焊后同样还会产生上拱的弯曲变形。而如果按 1、4、3′、2′的顺序焊接，焊接后的弯曲变形将会减小。图 7-15 所示为对称的双 Y 形坡口对接接头不同焊接顺序的比较。

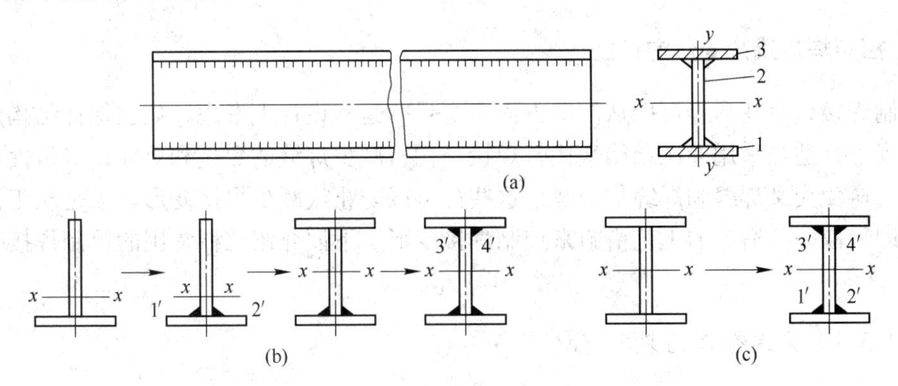

图 7-14 工字梁的装配顺序和焊接顺序

（a）工字梁的结构形式；（b）边装边焊顺序；（e）总装后再焊接顺序

1—下盖板；2—腹板；3—上盖板

7.2.2.4 其他因素

（1）结构材料的线膨胀系数。线膨胀系数大的金属，其焊后变形也大。常用材料中铝、不锈钢、Q345、碳素钢的线膨胀系数依次减小，可见焊后铝的变形最大。

（2）焊接方法。一般气焊的焊后变形比电弧焊的焊后变形大。这是因为气焊时，焊件受热范围大，加上焊接速度慢，使金属受热体积增大，导致焊后变形大；而电弧焊尽管热源温度高，但由于热源较集中，焊接速度远大于气焊，所以焊件受热面相对较小，焊后变形也就

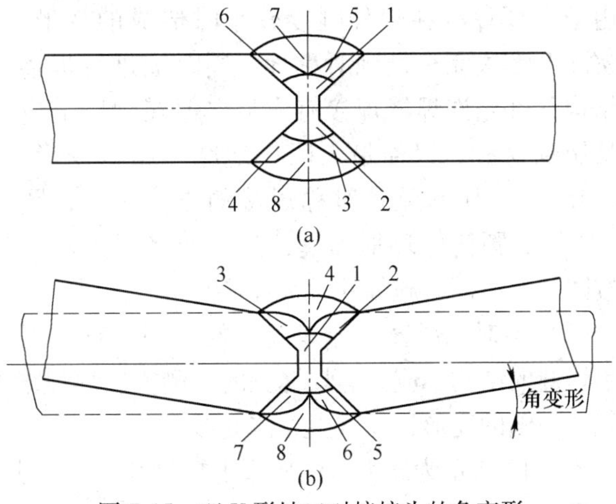

图 7-15 双 Y 形坡口对接接头的角变形

（a）合理的焊接顺序；（b）不合理的焊接顺序

较小。

(3) 焊接工艺参数。主要是指焊接电流和焊接速度，两者直接影响热输入的大小。一般焊后变形随着焊接电流的增大而增大，随着焊接速度的增大而减小。

(4) 焊接方向。对一条直焊缝来说，如果采用按同一方向从头至尾的焊接方法，即直通焊，焊接变形较大；其焊缝越长，焊后变形也越大。

(5) 焊接坡口形式。双 V 形或双 Y 形坡口焊缝比 V 形或 Y 形的坡口焊缝的角变形小，因为前者是双面焊，能尽量做到两边的角变形互相抵消；U 形坡口焊缝较 Y 形坡口焊缝的角变形小，但一般较双 V 形坡口大。

此外，焊接结构的自重和形状、焊缝间隙大小都会影响焊后的变形量。

总之，各种影响焊接残余变形的因素并不是孤立起作用的。因此，在分析焊接结构的应力和变形时，要考虑各种影响因素，以便制定出较合理的防止和减少焊接残余变形的措施。

7.2.3　控制焊接残余变形的措施

控制焊接残余变形，可以从两个方面考虑：一是从设计上考虑，如在保证结构足够强度的前提下，适当采用冲压结构来代替焊接结构；减少焊缝的数量和尺寸；尽量使焊缝对称布置；避免交叉焊缝和焊缝集中等，这些都可以防止或减少焊接变形。二是从工艺方面考虑，即采取一些适当的工艺措施来控制焊接变形。下面介绍几种常用的控制焊接变形的措施。

7.2.3.1　采用合理的装配焊接顺序

(1) 对称焊缝采用对称焊接法。由于焊接总有先后，而且随着焊接过程的进行，结构的刚度也不断增大，所以，一般先焊的焊缝容易使结构产生变形。这样即使焊缝对称的结构，焊后也会出现焊接变形。对称焊接的目的是用来克服或减少由于先焊焊缝在焊件刚度较小时造成的变形。对实际上无法完全做到对称地、同时地进行焊接的结构，可允许焊缝焊接有先后，但在顺序上应尽量做到对称，以便最大限度地减小结构变形。图 7-15 (a) 所示就是对称焊接的方法之一，图 7-16所示的圆筒体环形焊缝，是由两名焊工对称地按图中顺序同时施焊的对称焊接。

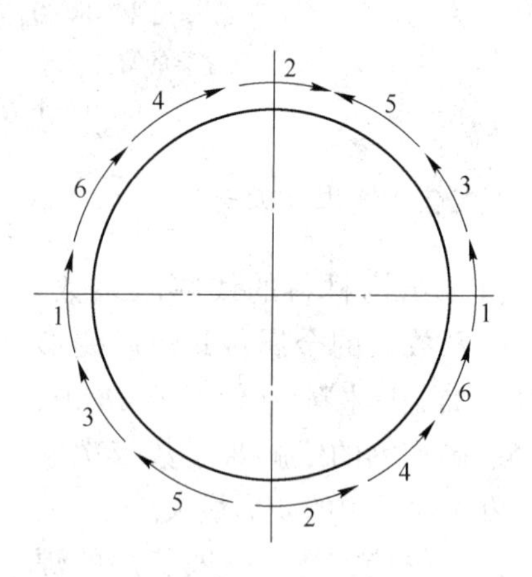

图 7-16　圆筒体环形焊缝对称焊接顺序

(2) 不对称焊缝先焊焊缝少的一侧。对于不对称焊缝的结构，应先焊焊缝少的一侧，后焊焊缝多的一侧。这样可使后焊的变形足以抵消先焊一侧的变形，以减少总体变形。

图 7-17 所示为压力机的压型上模结构，由于其焊缝不对称，将出现总体下挠弯曲变形（即向焊缝多的一侧弯曲）。如按图 7-17 (b) 所示，先焊焊缝 1 和 1′，即先焊焊缝少的一侧，焊后会出现如图 7-17 (c) 所示的上拱变形。接着按图 7-17 (d) 所示焊接焊缝

多的一侧 2、2′以及 3、3′焊缝，焊后它们的收缩足以抵消先前产生的上拱变形，同时由于结构的刚度已增大，也不致使整体结构产生下挠弯曲变形。

当只有一个焊工操作时，可按图 7-17（e）所示的顺序进行船形位置的焊接，这样焊后变形最小。

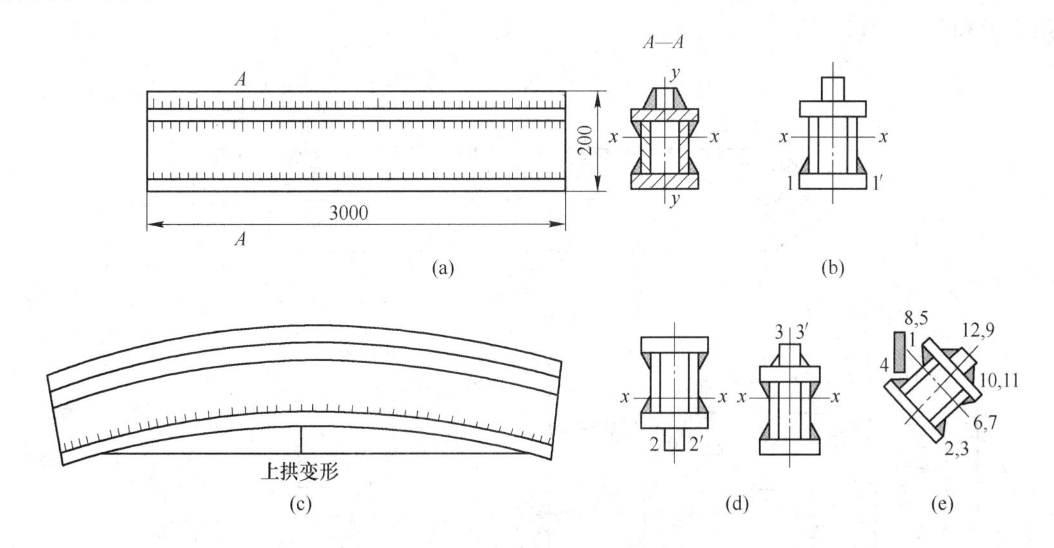

图 7-17 压型上模及其焊接顺序

（3）采用不同的焊接顺序控制焊接变形。对于结构中的长焊缝，如果采用连续的直通焊，将会造成较大的变形，这除了焊接方向因素之外，焊缝受到长时间加热也是一个主要的原因。如果在可能的情况下将连续焊改成分段焊，并适当地改变焊接方向，以使局部焊缝造成的变形适当减小或相互抵消，以达到减少总体变形的目的。图 7-18 所示为对接焊缝采用不同焊接顺序的示意图，长度 1m 以上的焊缝，常采用分段退焊法、分中分段退焊法、跳焊法和交替焊法；长度为 0.5~1m 的焊缝可用分中对称焊法。交替焊法在实际中较少使用。退焊法和跳焊法的每段焊缝长度一般以 100~350mm 较为适宜。

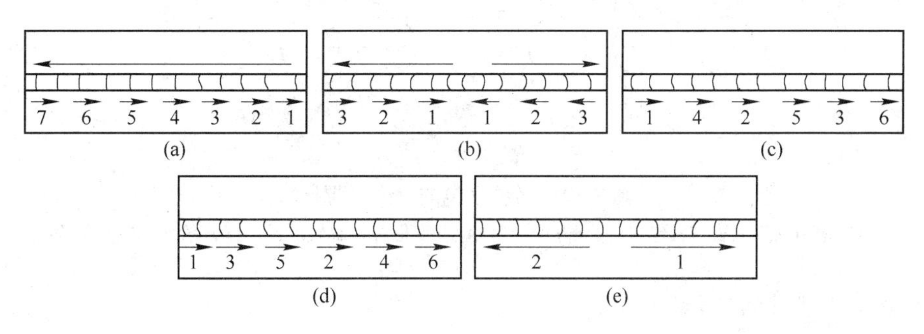

图 7-18 长焊缝的集中焊接顺序

（a）分段退焊法；（b）分中分段退焊法；（c）跳焊法；（d）交替焊法；（e）分中对称焊法

7.2.3.2 反变形法

根据焊件变形规律，预先把焊件人为地制造一个变形，使这个变形与焊接变形的方向相反而数值相等，从而防止产生残余变形的方法称为反变形法。反变形法在实际生产中使用较广泛，图 7-19 所示的锅炉汽包就采用了反变形焊接法。有两名焊工在同一汽包上各焊一排管座，按图 7-19（c）的跳焊顺序焊接，当焊完一只汽包的两排管座后，再用同样方法焊接另一只汽包的管座，如此交替焊接直至焊完，焊后能明显地防止变形。如图 7-20 所示的 Y 形坡口对接焊是采用反变形法控制角变形的又一实例。反变形法主要用来控制角变形和弯曲变形。

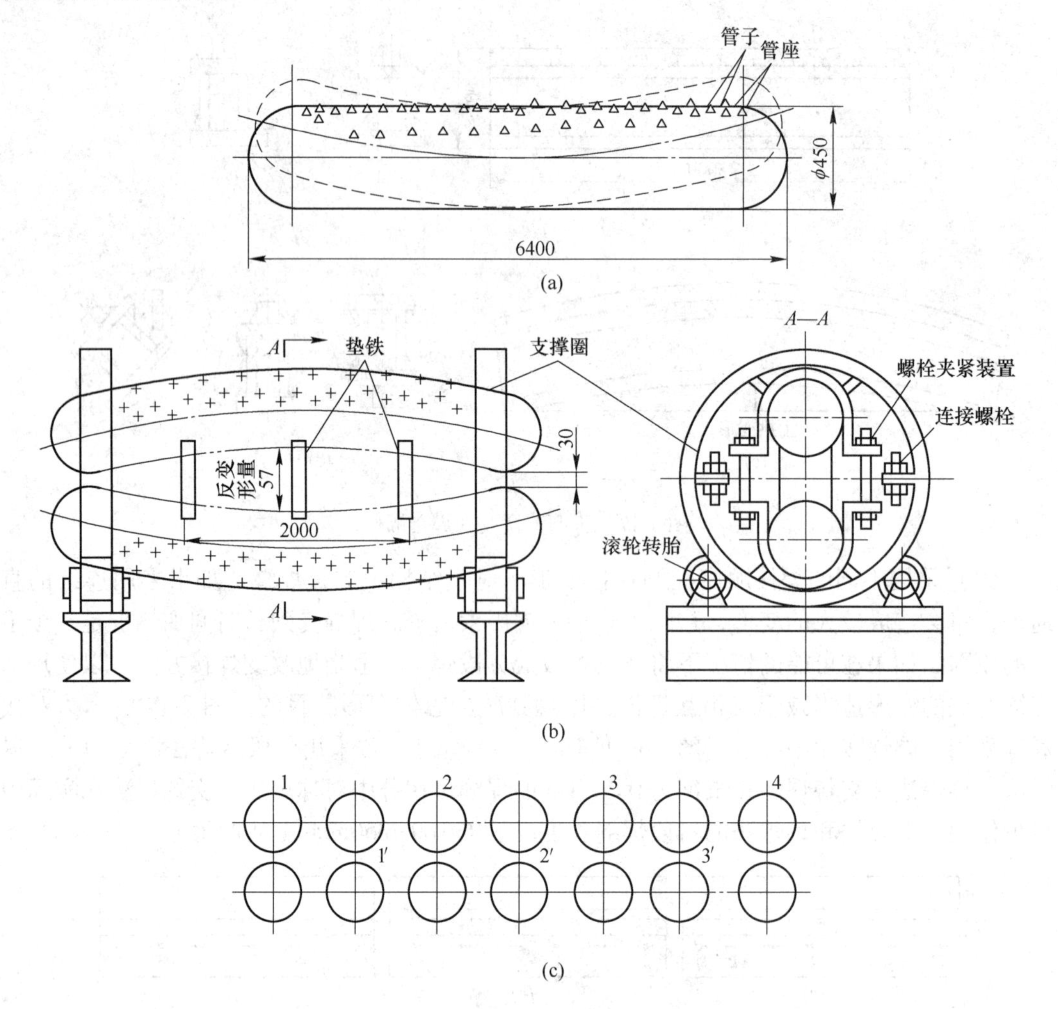

图 7-19　锅炉汽包的反变形焊接

（a）未用反变形法的汽包焊后变形；（b）汽包反变形焊接翻转胎具；（c）管座的跳焊顺序

7.2.3.3　刚度固定法

利用外加刚度约束来减少焊件焊后变形的方法称为刚度固定法，它实际上是通过刚度约束来增加结构的整体刚度来减少焊接变形的。因为刚度大的焊件焊后变形较小。图 7-21 ~ 图 7-23 所示为几种不同焊接结构采用刚度固定法减少焊接变形的实例。

在生产实践中，常采用手动、气动、磁力等通用夹具及专用装焊夹具来控制焊后的焊接变形。

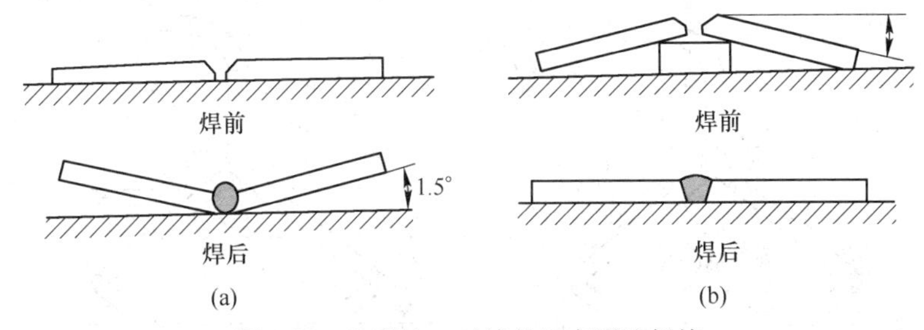

图 7-20　Y 形坡口对接的反变形法焊接

（a）产生角变形；（b）采取反变形法

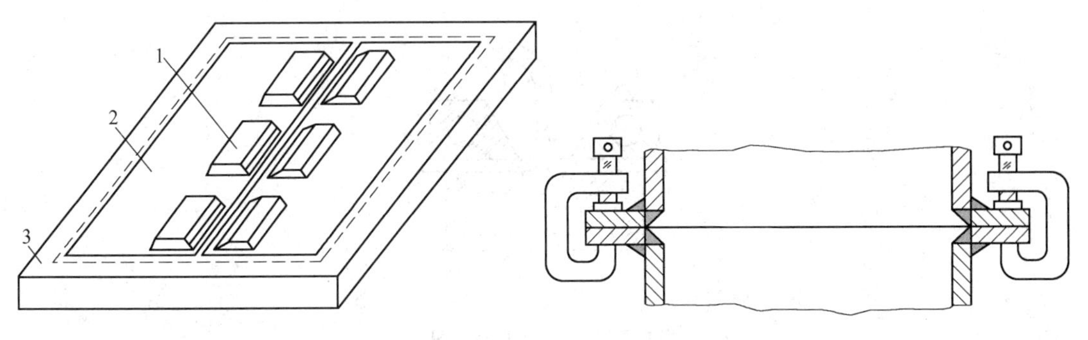

图 7-21　薄板焊接的刚度固定法　　图 7-22　刚度固定防止法兰角变形

7.2.3.4　散热法

散热法又称强迫冷却法，是将焊接处的热量迅速散发，使焊缝附近金属受热区域大大减小，以达到减小焊接变形的目的。图 7-24（a）所示为喷水散热焊接；图 7-24（b）所示为工件浸入水中散热焊接；图 7-24（c）所示为用水冷铜块散热焊接。散热法常用于不锈钢焊接时防止焊接变形，但不适用于具有火倾向的钢材，否则在焊接时易产生裂纹。

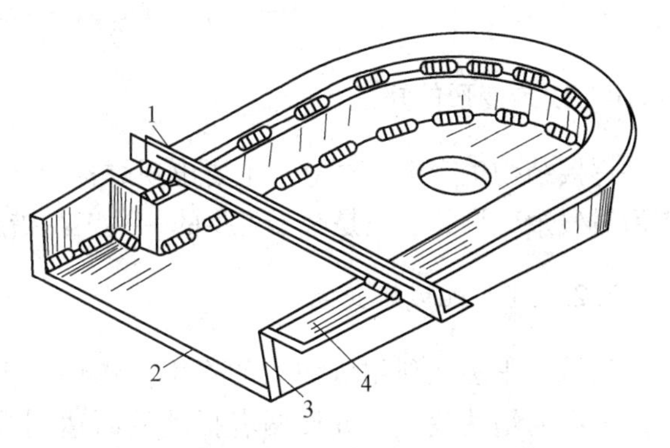

图 7-23　防护罩用临时支撑的刚度固定

1—临时支撑；2—底平板；3—立板；4—圆周法兰盘

7.2.3.5　热平衡法

对于某些焊缝不对称布置的结构，焊后往往会产生弯曲变形。如果在与焊缝对称的位置上采用气体火焰与焊件同步加热，只要加热的工艺参数选择适当，就可以减少或防止弯曲变形。图 7-25 所示为采用热平衡法对箱形梁结构的焊接变形进行控制。

此外，选择合理的焊接方法和焊接工艺参数也可以减少焊接变形。如采用热量集中、热影响区较窄的 CO_2 气体保护焊、MAG 焊、等离子弧焊代替气焊和焊条电弧焊就能减少焊接变形；采用较小的焊接工艺参数，以减少热输入，也可以减少焊接变形。

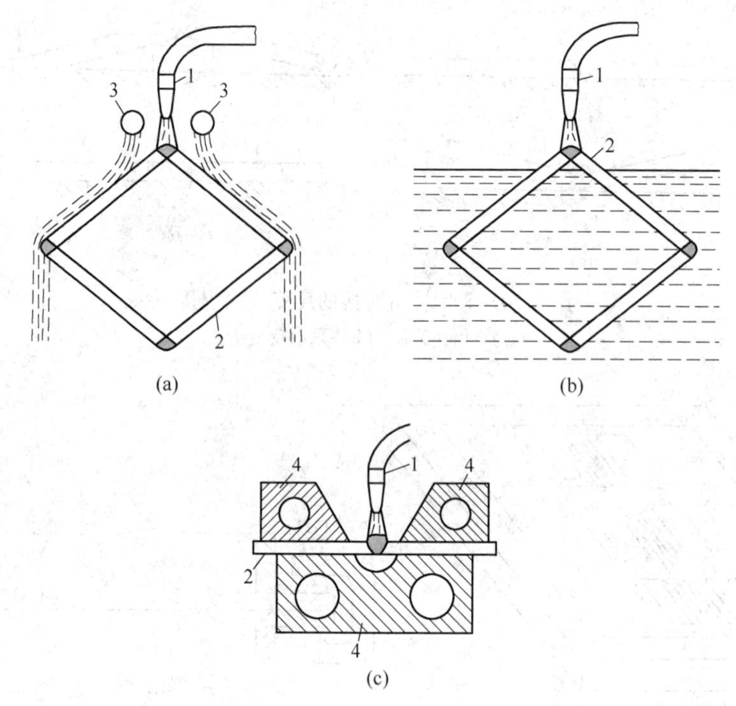

图 7-24　散热法示意图

(a) 喷水散热；(b) 浸入水中散热；(c) 水冷铜块散热

1—焊炬；2—焊件；3—喷水管；4—水冷铜块

7.2.4　残余变形的矫正

焊接结构生产中，总免不了要出现焊接变形。因此，焊后对残余变形的矫正是必不可少的一种工艺措施。

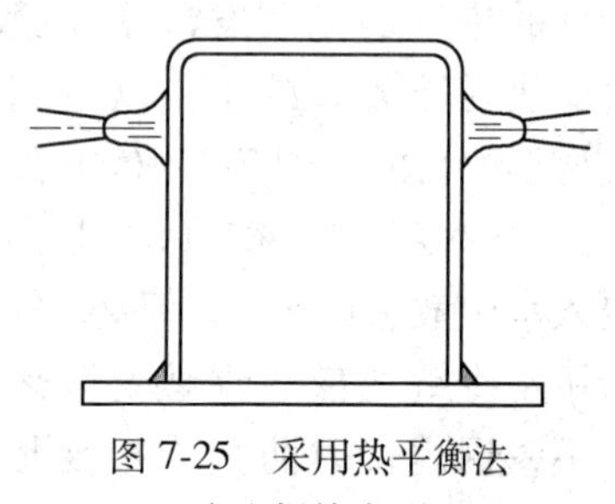

图 7-25　采用热平衡法防止焊接变形

7.2.4.1　机械矫正法

机械矫正法是利用机械力的作用使焊件产生与焊接变形相反的塑性变形，并使两者抵消从而达到消除焊接变形的一种方法。焊接生产中，机械矫正法应用较广，如筒体容器纵缝角变形常在卷板机上采用反复碾压进行矫正；薄板的波浪变形，常采用捶打焊缝区的方法进行矫正。机械矫正法适用于低碳钢等塑性较好的金属材料焊接变形的矫正。图 7-26 所示为工字梁焊后变形的机械矫正实例。

7.2.4.2　火焰矫正法

火焰矫正法是用氧-乙炔火焰或其他气体火焰（一般采用中性焰），以不均匀加热的方式引起结构变形，来矫正原有的焊接残余变形的一种方法。具体操作方法是，将变形构件的伸长部位加热到 600~800℃，然后让其冷却，使加热部分冷却后产生的收缩变形抵消原有的变形。

火焰矫正法的关键是正确确定加热位置和加热温度。火焰矫正法适用于低碳钢、

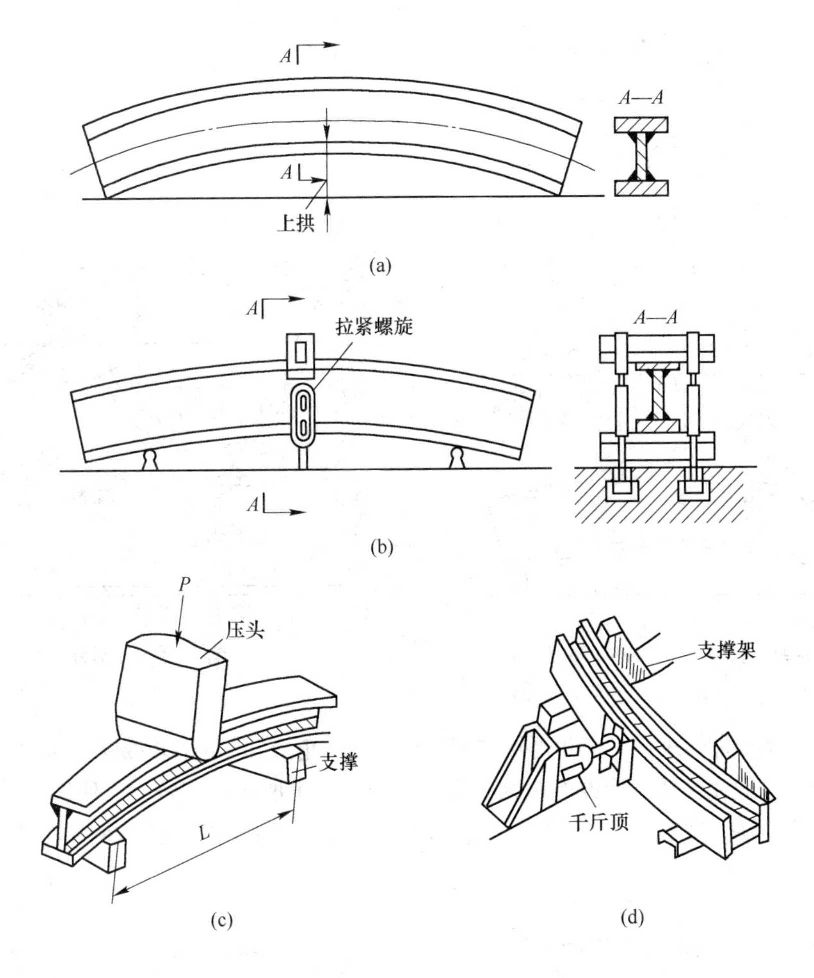

图 7-26 工字梁焊后变形的机械矫正

（a）拱曲焊件；（b）用拉紧器拉；（c）用压头压；（d）用千斤顶顶

Q0345 等溶硬倾向不大的低合金结构钢构件，不适用于淬硬倾向较大的钢及奥氏体不锈钢构件。

火焰矫正法的加热方式有点状加热、线状加热和三角形加热三种，如图 7-27 所示。

（1）点状加热。矫正火焰加热的区域为一个点或多个点，加热点直径一般不小于 15mm。点间距离应随变形量的大小而变，残余变形越大，点间距离越小，一般在 50~100mm 之间。这种矫正方法一般用于薄板的波浪变形。

（2）线状加热。矫正火焰沿着直线方向或者同时在宽度方向作横向摆动的移动，形成带状加热，称为线状加热。在线状加热矫正时，加热线的横向收缩大于纵向收缩，加热线的宽度越大，横向收缩也越大。所以，在线状加热矫正时要尽可能发挥加热线横向收缩的作用。加热线宽度一般取钢板厚度 0.5~2 倍。这种矫正方法多用于变形较大或刚度较大的结构，也可用于薄板矫正。

线状加热矫正时，还可同时用水冷却，即水火矫正。这种方法一般用于厚度小于 8mm 以下的钢板，水火距离通常为 25~30mm。水火矫正如图 7-28 所示。

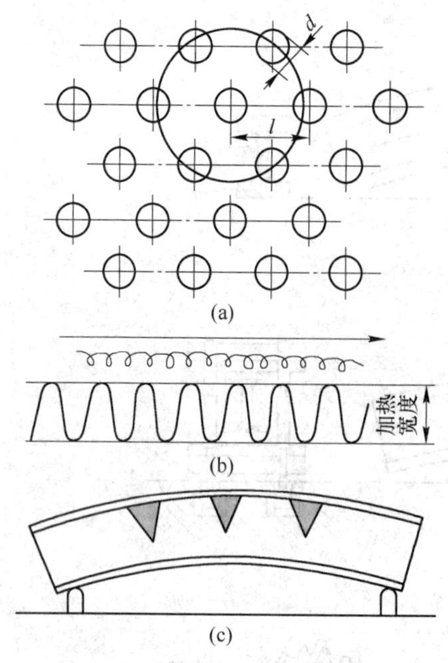

图 7-27　火焰矫正法的加热方式

（a）点状加热；（b）线状加热；（c）三角形加热

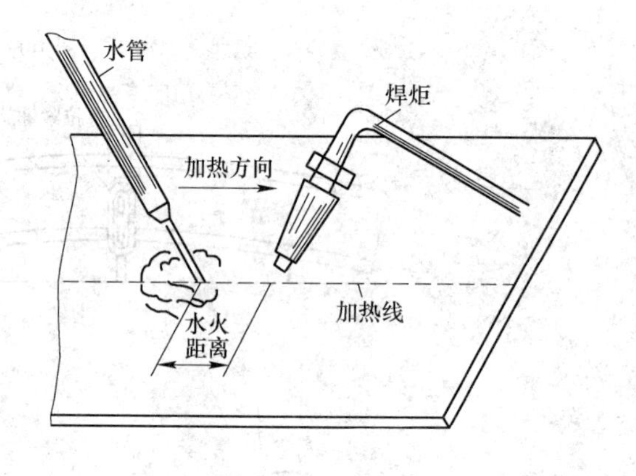

图 7-28　水火矫正

（3）三角形加热矫正。三角形加热即加热区呈三角形加热的部位是在弯曲变形构件的凸缘，三角形的底边在被矫正构件的边缘，顶点朝内。由于加热面积较大，所以收缩量也较大，这种方法常用于矫正厚度较大、刚度较强构件的弯曲变形。火焰矫正法实例如图 7-29 所示。

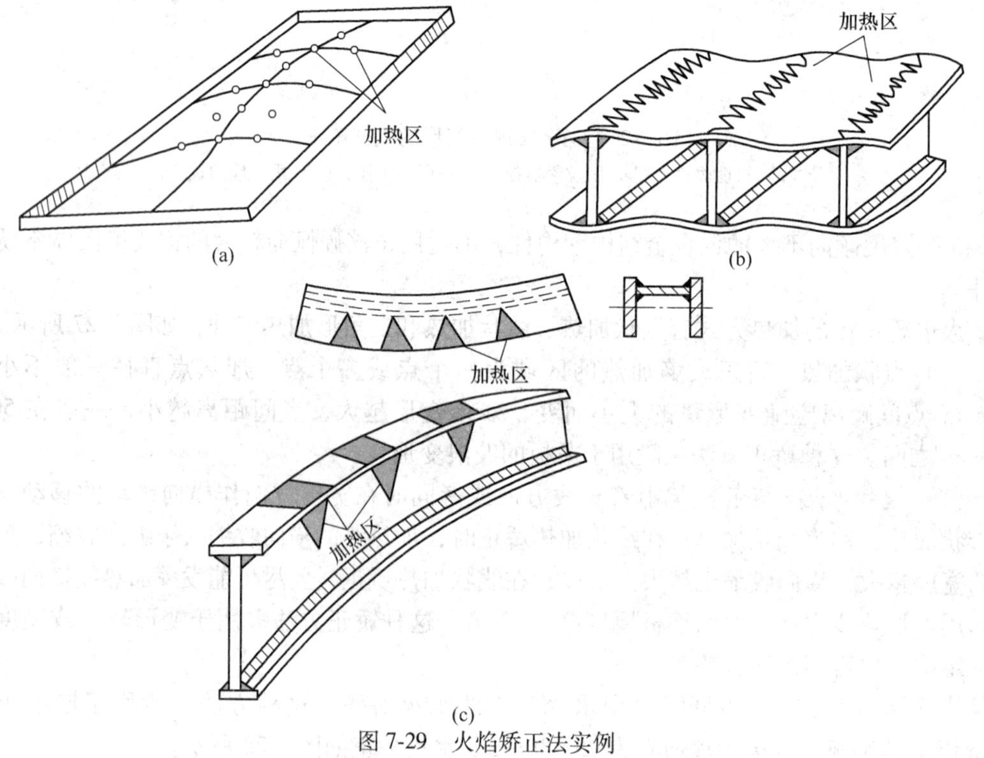

图 7-29　火焰矫正法实例

（a）点状加热矫正；（b）线状加热矫正；（c）三角形加热矫正

7.3 焊接残余应力

7.3.1 焊接残余应力的分类

（1）按引起应力的基本原因分类

1）热应力。由于焊接时温度分布不均匀而引起的应力，又称温度应力。

2）相变应力。在焊接时由于温度变化而引起的组织变化所产生的应力，也称组织应力。

3）拘束应力。由于结构本身或外加拘束作用而引起的应力，称为拘束应力。

（2）按应力的作用方向分类

1）纵向应力。方向平行于焊缝轴线的应力。

2）横向应力。方向垂直于焊缝轴线的应力。

（3）按应力在空间的方向分类

1）单向应力。在焊件中沿一个方向存在的应力，称为单向应力，又称线应力。例如，焊接薄板的对接焊缝及在焊件表面上堆焊时产生的应力。

2）双向应力。作用在焊件某一平面内两个互相垂直的方向上的应力，称为双向应力，又称为平面应力。它通常发生在厚度为15~20mm的中厚板焊接结构中。

3）三向应力。作用在焊件内互相垂直的3个方向的应力，称为三向应力，又称为体积应力。例如，焊接厚板的对接焊缝和互相垂直的3个方向焊缝交汇处的应力。

实际上，焊件中产生的残余应力总是三向应力。当在一个或两个方向上的应力值很小可以忽略不计时，就可以认为它是双向应力或单向应力。

7.3.2 控制残余应力的措施

控制焊接残余应力，可从两方面来考虑：一是从设计上考虑，如在保证结构有足够强度的前提下，尽量减少焊缝的数量和尺寸；适当采用冲压结构以减少焊接结构；将焊缝布置在最大工作应力区域以外等。二是从工艺上考虑，即采取一些适当的工艺措施来调节或减少焊接残余应力。下面介绍几种常用的减少焊接残余应力的工艺措施。

7.3.2.1 选择合理的焊接顺序

（1）尽可能考虑焊缝能自由收缩。尽可能让焊缝能自由收缩，以减少焊接结构在施焊时的拘束度，最大限度地减少焊接应力。

图7-30所示为一大型容器底部，它是由许多平板拼接而成。考虑到焊缝能自由收缩的原则，焊接应从中间向四周进行，使焊缝的收缩由中间向外依次进行。同时，应先焊错开的短焊缝，后焊直通的长焊缝。否则，若先焊直通的长焊缝，再焊短焊缝时会由于其横向收缩受阻而产生很大的应力。正确的焊接顺序为如图7-30所示的数字。

（2）先焊收缩量最大的焊缝。将收缩量大、焊后可能产生较大焊接应力的焊缝先焊，使它能在拘束较小的情况下收缩，以减少焊接残余应力。如对接焊缝的收缩量比角焊缝的收缩量大，故同一构件中应先焊对接焊缝。

如图7-31所示为带盖板的双工字梁结构，应先焊盖板上的对接焊缝1，后焊盖板与工字梁之间的角焊缝2。

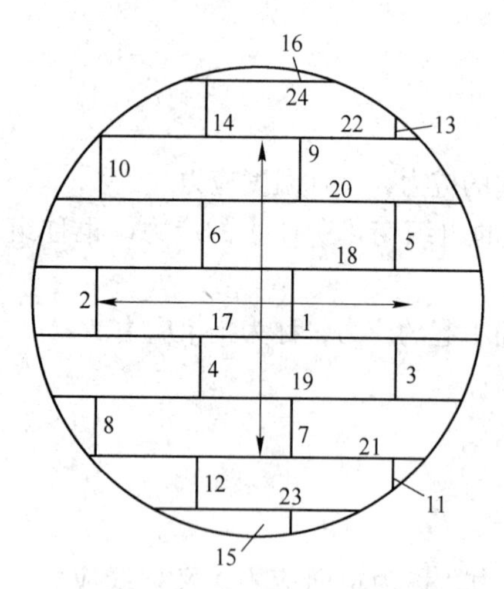

图7-30 大型容器底部拼接焊接顺序

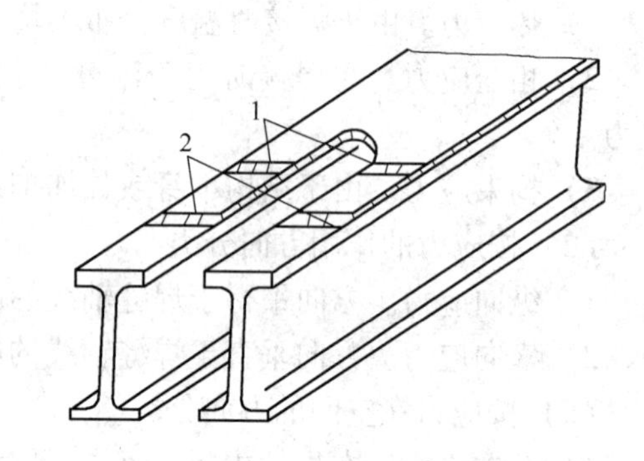

图7-31 带盖板的双工字梁结构焊接顺序

1—对接焊缝；2—角焊缝

（3）焊接平面交叉焊缝时，由于在焊缝交叉点易产生较大的焊接残余应力，所以应采用保证交叉点部位不易产生缺陷且刚度拘束较小的焊接顺序。例如，T形焊缝、十字形交叉焊缝正确的焊接顺序如图7-32（a）、（b）、（c）所示，图7-32（d）所示为不合理焊接顺序。

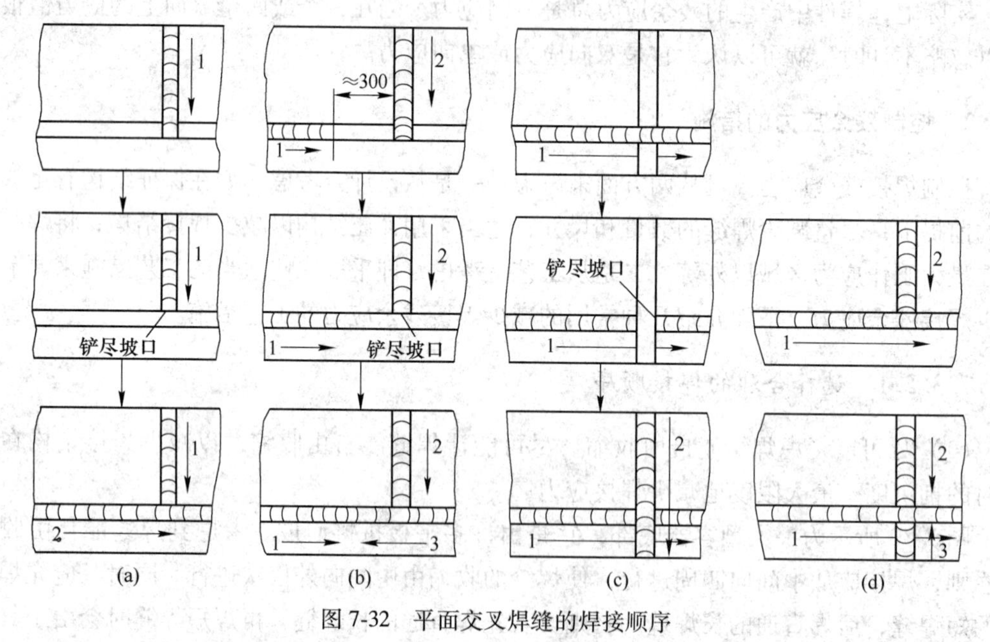

图7-32 平面交叉焊缝的焊接顺序

7.3.2.2 选择合理的焊接工艺参数

焊接时应尽量采用小的焊接热输入，选用小直径焊条、较小的焊接电流和快速焊等，以减小焊件受热范围，从而减小焊接残余应力，当然焊接热输入的减小必须视焊件的具体情况而定。

7.3.2.3 采用预热的方法

预热法是指在焊前对焊件的全部（或局部）进行加热的工艺措施，一般预热的温度在150~350℃之间。其目的是减小焊接区和结构整体的温差，使焊缝区与结构整体尽可能地均匀冷却，从而减小应力。此法常用于易裂材料的焊接。预热温度应视材料、结构刚度等具体情况而定。

7.3.2.4 加热减应区法

加热减应区法是指在焊接或焊补刚度很大的焊接结构时，选择构件的适当部位进行加热使之伸长，然后再进行焊接，这样焊接残余应力可大大减小，这个加热部位就叫作减应区。减应区应是阻碍焊接区自由收缩的部位，加热了该部位，实质上是使它能与焊接区近乎均匀的冷却和收缩，以减小内应力。图7-33所示为带轮轮辐、轮缘及框架断裂采用加热减应区法修补的示意图。

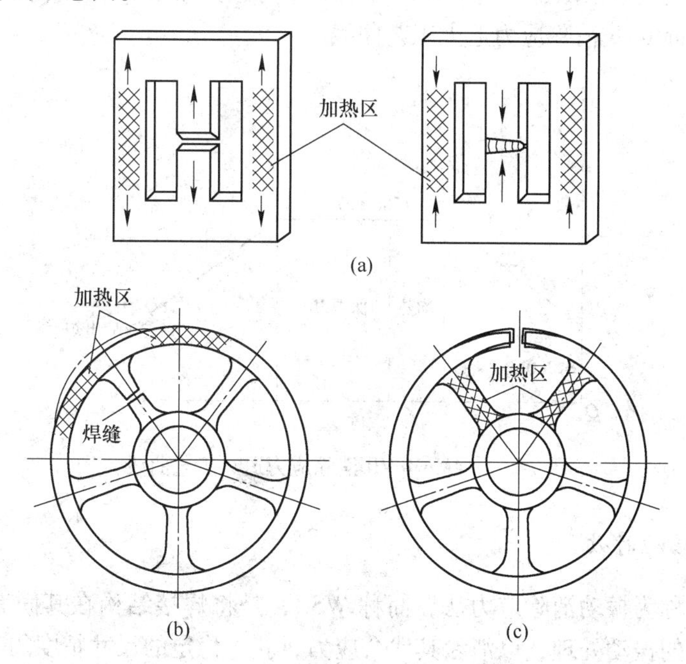

图7-33 加热减应区法应用示意图

（a）框架断口焊接；（b）轮辐断口焊接；（c）轮缘断口焊接

7.3.2.5 捶击法

焊缝区金属由于在冷却收缩时受阻而产生拉伸应力，如在焊接每条焊道之后，用锤子捶击焊缝金属，促使它产生延伸塑性变形，以抵消焊接时产生的压缩塑性变形，这样便能起到减小焊接残余应力的作用。实验证明，捶击多层焊第一层焊缝金属，几乎能使内应力完全消失。捶击必须在焊缝塑性较好的热态时进行，以防止因捶击而产生裂纹。另外，为保持焊缝表面的美观，表层焊缝一般不捶击。

7.3.3 消除残余应力的方法

消除焊接残余应力的方法有消除应力热处理、机械拉伸法、温差拉伸法、振动时效法等。钢结构常用的方法是消除应力热处理，即消除应力退火。

7.3.3.1 消除应力退火

焊后把焊件总体或局部均匀加热至相变点以下某一温度（一般为600~650℃），保温一定时间，然后均匀缓慢冷却，从而消除焊接残余应力的方法叫消除应力退火。消除应力退火虽然加热的温度在相变点以下，金属未发生相变，但在此温度下，其屈服点降低了，使内部在残余应力的作用下产生一定的塑性变形，使应力得以消除。消除应力退火有整体消除应力退火和局部消除应力退火两种。整体消除应力退火一般在炉内进行。退火加热温度越高、保温时间越长，应力消除越彻底。整体消除应力退火一般可将80%~90%的残余应力消除。对于某些不允许或无法用加热炉进行加热的，可采用局部加热消除应力退火，即对焊缝及其附近局部区域加热退火。局部消除应力退火效果不如整体消除应力退火。图7-34所示为14MnMoVB消除应力退火工艺曲线。

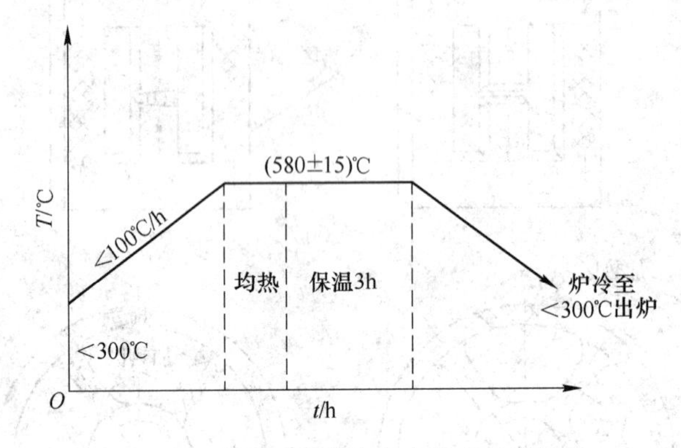

图7-34 14MnMoVB消除应力退火工艺曲线

7.3.3.2 振动时效

振动时效又称为振动消除应力法，简称WSR，是将焊接结构在其固有频率下进行数分钟至数十分钟的振动处理，以消除其残余应力，获得稳定的尺寸精度的一种方法。振动时效具有投资相对较少，生产周期短，设备体积小、质量轻、便于携带，节约能源，降低成本，可避免金属零件时效过程中产生变形、氧化、脱碳及硬度降低等缺陷，操作简便，易于实现自动化等特点。因此，近年来振动时效消除残余应力法得到了迅速发展和广泛应用。

此外，机械拉伸法、温差拉伸法等也能取得较好的消除残余应力的效果。

复习思考题

（1）什么是内力、应力、焊接应力、焊接残余应力？

(2) 什么是变形、弹性变形、塑性变形、焊接变形、焊接残余变形？
(3) 焊接变形和焊接应力是怎样形成的？
(4) 焊接变形按其特征分为哪几种基本形式？
(5) 弯曲变形、角变形、波浪变形是如何产生的？
(6) 影响焊接残余变形的因素有哪些？
(7) 控制焊接残余变形的措施有哪些？
(8) 矫正焊接残余变形的方法有哪些？其原理有何不同？
(9) 火焰矫正焊接残余变形时，应如何确定加热位置和加热温度？
(10) 控制焊接残余应力的措施有哪些？
(11) 什么是加热减应区法，应怎样选择减应区？试举例说明。
(12) 钢结构常用的消除残余应力方法有哪些，各有何特点？
(13) 振动时效工艺的原理是什么，有何特点？

8 焊接缺陷及检验

焊接缺陷的存在，将直接影响焊接结构的安全使用。分析焊接结构发生事故的原因，归纳起来都是焊接结构中的缺陷所引起的，因此，必须了解焊接的性质、产生原因和防止措施以及焊缝质量的检验方法。通过对焊接接头进行必要的检验和评定，以便能及时消除各种缺陷，从而保证焊接质量。

8.1 焊接缺陷分析

8.1.1 焊接缺陷的分类

焊接过程中在焊接接头中产生的金属不连续、不致密或连接不良的现象称为焊接缺陷。

焊接缺陷的种类很多，按其在焊缝中的位置不同可分为外部缺陷和内部缺陷两大类。

8.1.1.1 外部缺陷

外部缺陷位于焊缝外表面，用肉眼或低倍放大镜就可以看到。如焊缝形状尺寸不符合要求、咬边、焊瘤、烧穿、凹坑与弧坑、表面气孔和表面裂纹等。

8.1.1.2 内部缺陷

内部缺陷位于焊缝内部，这类缺陷可用无损探伤检验或破坏性检验方法来发现。如未焊透、未熔合、夹渣、内部气孔和内部裂纹等。

金属熔焊焊缝缺陷按 GB 6417 规定可分为 6 大类，即裂纹、孔穴（气孔、缩孔）、固体夹渣、未熔合和未焊透、形状缺陷（如咬边、下塌、焊瘤等）及其他缺陷。

8.1.2 焊接缺陷的危害

焊接接头中的缺陷不仅破坏了接头的连续性，而且还引起了应力集中，缩短结构使用寿命，严重的甚至会导致结构的脆性破坏，危及生命财产安全。焊接缺陷的危害主要是以下两个方面。

8.1.2.1 引起应力集中

在焊接接头中，凡是结构截面有突然变化的部位，其应力的分布就特别不均匀，在某点的应力值可能比平均应力值大许多倍，这种现象称为应力集中。在焊缝中存在的焊接缺陷是产生应力集中的主要原因。如焊缝中的咬边、未焊透、气孔、夹渣、裂纹等，不仅减小了焊缝的有效承载截面积，削减了焊缝的强度，更严重的是在焊缝或焊缝附近造成缺口，由此产生很大的应力集中。当应力值超过缺陷前端部位金属材料的抗拉强度时，材料就开裂，接着新开裂的端部又产生应力集中，使原缺陷不断扩展，直至产品破裂。

8.1.2.2 造成脆断

从国内外大量脆性事故的分析中可以发现，断裂部位是从焊接接头中的缺陷开始的。这是一种很危险的破坏形式。因为脆性断裂是结构在没有塑性变形情况下产生的快速突发性断裂，其危害性很大。防止结构脆断的重要措施之一就是尽量避免和控制焊接缺陷。焊接结构中危害性最大的缺陷是裂纹和未熔合等。

8.1.3 焊接缺陷产生的原因及防止措施

8.1.3.1 焊缝形状及尺寸不符合要求

焊缝形状及尺寸不符合要求主要是指焊缝外形高低不平、波形粗劣；焊缝宽窄不均，太宽或太窄；焊缝余高过高或高低不均；角焊缝焊脚不均以及变形较大等，如图 8-1 所示。

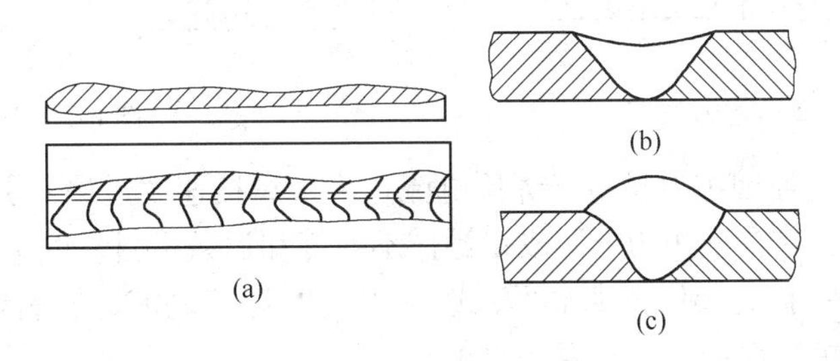

图 8-1 焊缝形状及尺寸不符合要求

(a) 焊缝高度不平，宽窄不均，波形粗劣；(b) 余高过高；(c) 焊缝低于母材

焊缝宽窄不均，除了造成焊缝成型不美观外，还影响焊缝与母材的结合强度；焊缝余高太高，使焊缝与母材交界突变，形成应力集中，而焊缝低于母材，就不能得到足够的接头强度；角焊缝的焊脚不均，且无圆滑过渡也易造成应力集中。

(1) 产生焊缝形状及尺寸不符合要求的原因主要是由于焊接坡口角度不当或装配间隙不均匀，焊接电流过大或过小，运条速度或手法不当以及焊条角度选择不合适；埋弧焊主要是由于焊接工艺参数选择不当。

(2) 防止措施：选择正确的坡口角度及装配间隙；正确选择焊接工艺参数；提高焊工操作技术水平，正确地掌握运条手法和速度，随时适应焊件装配间隙的变化，以保持焊缝的均匀。

8.1.3.2 咬边

由于焊接工艺参数选择不当或操作方法不正确，沿焊趾的母材部位产生的沟槽或凹陷称为咬边，如图 8-2 所示。咬边减少了母材的有效面积，降低了焊接接头强度，并且在咬边处形成应力集中，容易引发裂纹。

(1) 产生咬边的原因主要是由于焊接电流过大以及运条速度不合适，角焊时焊条角度或电弧长度不适当，埋弧焊时焊接速度过快等。

（2）防止措施：选择适当的焊接电流、保持运条均匀，角焊时焊条要采用合适的角度和保持一定的电弧长度，埋弧焊时要正确选择焊接工艺参数。

8.1.3.3 焊瘤

焊瘤是焊接过程中，熔化金属流淌到焊缝之外未熔化的母材上形成的金属瘤，焊瘤不仅影响了焊缝的成型，而且在焊瘤的部位往往还存在着夹渣和未焊透，如图 8-3 所示。

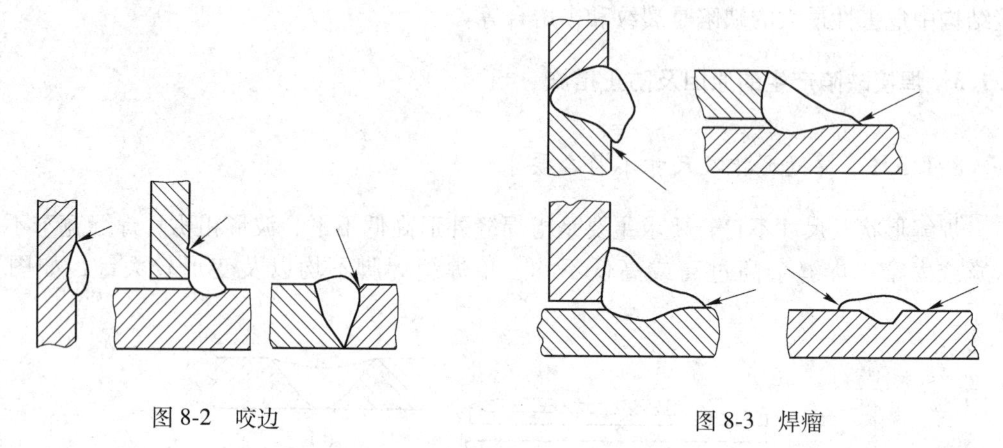

图 8-2　咬边

图 8-3　焊瘤

（1）产生焊瘤的原因主要是由于焊接电流过大，焊接速度过慢，引起熔池温度过高，液态金属凝固较慢，在自重作用下形成；操作不熟练和运条不当，也易产生焊瘤。

（2）防止措施：提高操作技术水平，选用正确的焊接电流，控制熔池的温度；使用碱性焊条时宜采用短弧焊接，运条方法要正确。

8.1.3.4 凹坑与弧坑

凹坑是焊后在焊缝表面或背面形成低于母材表面的局部低洼部分。弧坑是在焊缝收尾处产生的下陷部分，如图 8-4 所示。

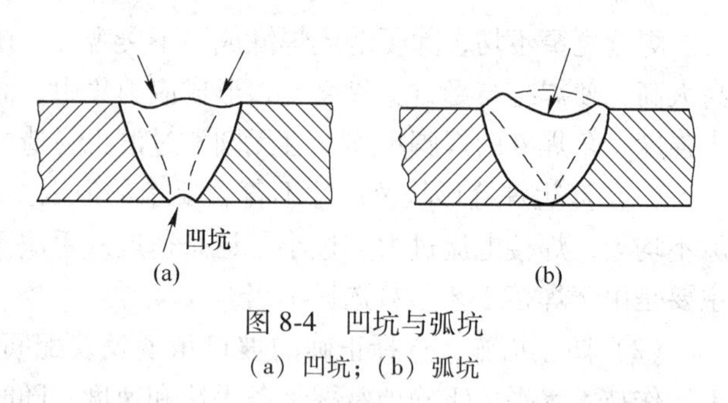

图 8-4　凹坑与弧坑
（a）凹坑；（b）弧坑

凹坑与弧坑使焊缝的有效断面减小，削弱了焊缝强度。对弧坑来说，由于杂质的集中，会导致产生弧坑裂纹。

（1）产生凹坑与弧坑的原因。主要是由于操作技能不熟练，电弧拉得过长；焊接表面焊缝时，焊接电流过大，焊条又未适当摆动，熄弧过快；过早进行表面焊缝焊接或中心偏移等都会导致凹坑；埋弧焊时，导电嘴压得过低，造成导电嘴粘渣，也会使表面焊缝两侧凹陷等。

（2）防止措施：提高焊工操作技能；采用短弧焊接；填满弧坑，如焊条电弧焊时，焊条在收尾处作短时间的停留或作几次环形运条；使用收弧板；CO_2 气体保护焊时，选用有“火口处理（弧坑处理）”装置的焊机。

8.1.3.5　下塌与烧穿

下塌是指单面熔焊时，由于焊接工艺不当造成焊缝金属过量而透过背面，使焊缝正面塌陷，背面凸起的现象；烧穿是在焊接过程中，熔化金属自坡口背面流出，形成穿孔的缺陷，如图8-5所示。

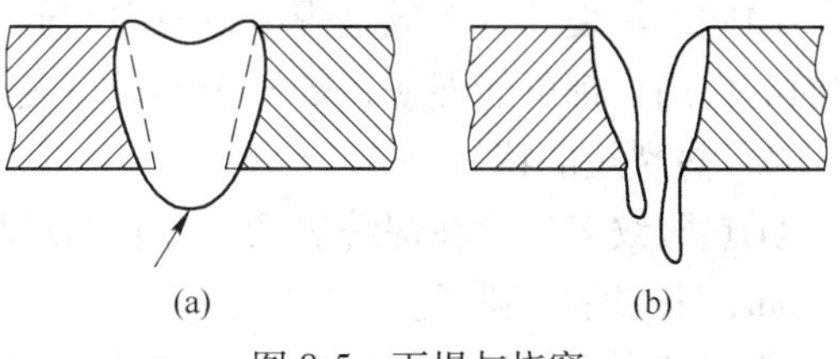

图8-5　下塌与烧穿
（a）下塌；（b）烧穿

塌陷和烧穿是在焊条电弧焊和埋弧自动焊中常见的缺陷，前者削弱了焊接接头的承载能力；后者则是使焊接接头完全失去了承载能力，是一种绝对不允许存在的缺陷。

（1）产生下塌和烧穿的原因主要是由于焊接电流过大，焊接速度过慢，使电弧在焊缝处停留时间过长；装配间隙太大，也会产生上述缺陷。

（2）防止措施：正确选择焊接电流和焊接速度，减少熔池高温停留时间，严格控制焊件的装配间隙。

8.1.3.6　裂纹

在焊接应力及其他致脆因素共同作用下，焊接接头局部地区的金属原子结合力遭到破坏形成的新界面产生的缝隙称为焊接裂纹。它具有尖锐的缺口和大的长宽比特征。裂纹不仅降低接头强度，而且还会引起严重的应力集中，使结构断裂破坏。所以裂纹是一种危害性最大的焊接缺陷。裂纹按其产生的温度和原因不同可分为热裂纹、冷裂纹、再热裂纹等。按其产生的部位不同又可分为纵裂纹、横裂纹、焊根裂纹、弧坑裂纹、熔合线裂纹及热影响区裂纹等，如图8-6所示。

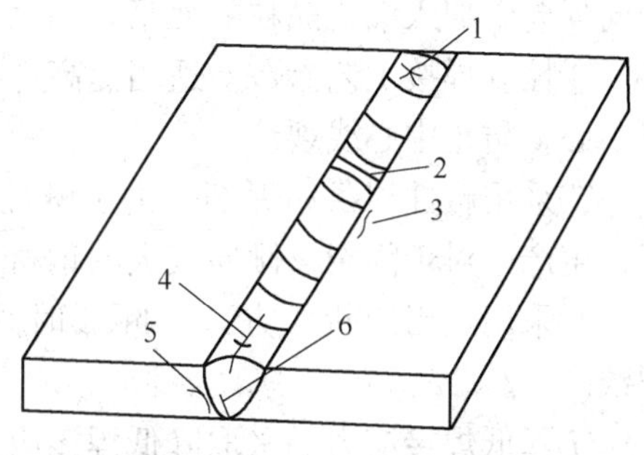

图8-6　各种部位焊接裂纹
1—弧坑裂纹；2—横裂纹；3—热影响区裂纹；4—纵裂纹；5—熔合线裂纹；6—焊根裂纹

（1）热裂纹。焊接过程中，焊缝和热影响区金属冷却到固相线附近的高温区产生的裂纹称为热裂纹。

1）热裂纹产生的原因。由于焊接熔池在结晶过程中存在着偏析现象，偏析出的物质多为低熔点共晶和杂质。在开始冷却结晶时，晶粒刚开始生成，如图8-7（a）所示，液态金属比较多，流动性比较好，可以在晶粒间自由流动，而由焊接拉应力造成的晶粒间的间隙都能被液态金属所填满，所以不会产生热裂纹。当温度继续下降，柱状晶体继续生长。由于低熔点共晶的熔点低，往往是最后结晶，在晶界以“液体夹层”形式

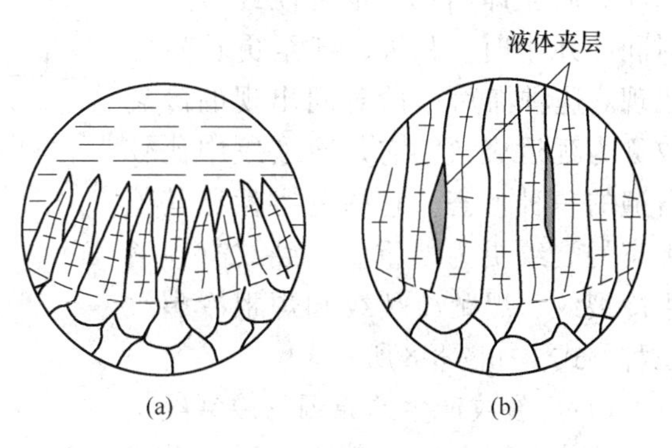

图8-7　热裂纹的形成示意图
（a）结晶初期；（b）结晶后期

存在，如图8-7（b）所示，这时焊接应力已增大，被拉开的“液体夹层”产生的间隙已没有足够的低熔点液体金属来填充，因而就形成了裂纹。

因此，热裂纹可看成是焊接拉应力和低熔点共晶两者共同作用而形成的，增大任何一方面的作用，都可能促使在焊缝中形成热裂纹。

2）热裂纹的特征：

①热裂纹多贯穿在焊缝表面，并且断口被氧化，呈氧化色。一般热裂纹宽度约0.05~0.5mm，末端略呈圆形。

②热裂纹大多产生在焊缝中，有时也出现在热影响区。

③热裂纹的微观特征一般是沿晶界开裂，故又称晶间裂纹。

3）热裂纹的防止措施。热裂纹的产生与冶金因素和力学因素有关，故防止热裂纹主要从以下几方面来考虑：

①限制钢材和焊材中的硫、磷等元素含量，如焊丝中的硫、磷的含量一般应小于0.03%~0.04%。焊接高合金钢时要求硫、磷的含量必须限制在0.03%以下。

②降低含碳量。从实践可知，当焊缝金属中的含碳量小于0.15%时产生裂纹的倾向很少。一般碳钢焊丝含碳量应控制在0.11%以下。

③改善熔池金属的一次结晶。由于细化晶粒可以提高焊缝金属的抗裂性，所以广泛采用向焊缝中加入细化晶粒的元素，如钛、铝、硼或稀土金属铈等，进行变质处理。

④控制焊接工艺参数。适当提高焊缝成形系数。采用多层多道焊，避免偏析集中在焊缝中心，防止中心线裂纹。

⑤采用碱性焊条和焊剂。由于碱性焊条和焊剂脱硫能力强、脱硫效果好、抗热裂性好，生产中对于热裂纹倾向较大的钢材，一般都采用碱性焊条和焊剂进行焊接。

⑥采用适当的断弧方式。断弧时采用收弧板或逐渐断弧，填满弧坑，以防止弧坑裂纹。

⑦降低焊接应力。采取降低焊接应力的各种措施，如焊前预热、焊后缓冷等。

（2）冷裂纹。焊接接头冷却到较低温度（对钢来说，即在M温度（马氏体转变开始温度）以下）时产生的焊接裂纹属于冷裂纹。

冷裂纹和热裂纹不同，它是在焊接后较低的温度下产生的，冷裂纹可以在焊后立即出现，也可能经过一段时间（几小时、几天，甚至更长）才出现。这种滞后一段时间出现的冷裂纹称为延迟裂纹，它是冷裂纹中比较普遍的一种形态。它的危害性比其他形态的裂纹更为严重。冷裂纹有焊道下冷裂纹、焊趾冷裂纹和焊根冷裂纹三种形式，如图8-8所示。

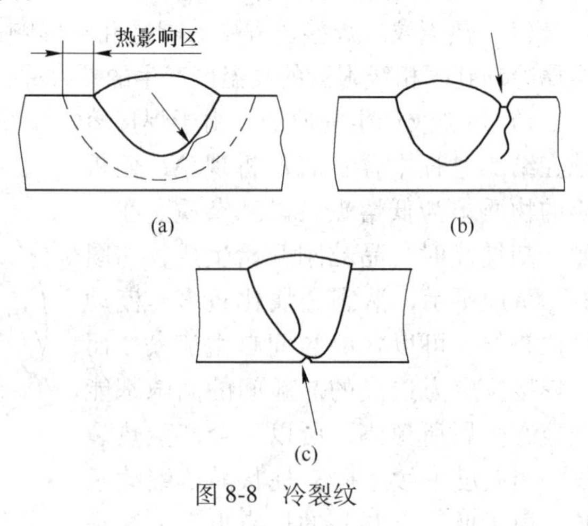

图8-8　冷裂纹

1）冷裂纹产生的原因。冷裂纹主要发生在中碳钢、高碳钢、低合金或中合金高强度钢中。产生冷裂纹的主要原因有三个方面，即钢的淬硬倾向、焊接应力、较

多的氢的存在和聚集。这三个因素共同存在时就容易产生冷裂纹。一般钢的淬硬倾向越大，焊接应力越大，氢的聚集越多，越易产生冷裂纹。在许多情况下，氢是诱发冷裂纹的最活跃的因素。下面简要分析氢引起冷裂纹的机理。

在焊接过程中，高温的焊缝金属中存在较多的氢，由于焊缝金属含碳量通常较母材低，从铁碳合金相图可知，冷却时焊缝金属较热影响区先发生相变，由奥氏体转变为铁素体、珠光体等。由于氢在奥氏体中的溶解度较铁素体大，所以相变时，氢的溶解度突然降低，氢就会迅速从焊缝越过熔合线向热影响区扩散，又由于氢在奥氏体中的扩散速度较小，因此，氢不能很快扩散到距熔合线较远的母材中去，而在熔合线附近形成富氢带。在随后的冷却过程中，热影响区的奥氏体将转变为马氏体，氢便以过饱和状态残存在马氏体中。当热影响区存在显微缺陷时，氢便会在这些缺陷处聚集，并由原子状态转变为分子状态，造成很大的局部应力，再加上焊接应力的作用，促使显微缺陷扩大，从而形成裂纹。氢引起冷裂纹的机理如图 8-9 所示。

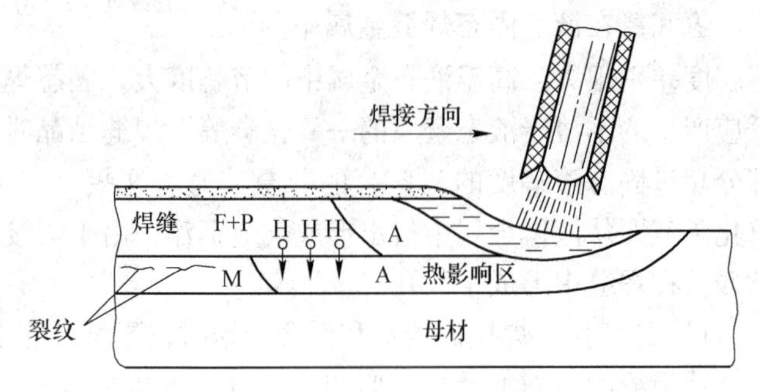

图 8-9 氢引起冷裂纹示意图

2）冷裂纹的特征：

①冷裂纹的断裂表面没有氧化色彩，这表明冷裂纹与热裂纹不一样，它是在较低温度下产生的（约为 200~300℃以下）。

②冷裂纹多产生在热影响区或热影响区与焊缝交界的熔合线上，但也有可能产生在焊缝上。

③冷裂纹一般为穿晶裂纹，少数情况下也可能沿晶界发生。

3）冷裂纹的防止措施：防止冷裂纹主要从降低扩散氢含量、改善组织和降低焊接应力等几个方面来解决，具体措施有：

①选用碱性低氢型焊条，可减少焊缝中的氢。

②焊条和焊剂应严格按规定进行烘干，随用随取。保护气体控制其纯度，严格清理焊丝和工件坡口两侧的油污、铁锈、水分，控制环境湿度等。

③改善焊缝金属的性能，加入某些合金元素以提高焊缝金属的塑性，例如，使用新结 507MnV 焊条可提高焊缝金属的抗冷裂能力。此外，采用奥氏体组织的焊条焊接某些淬硬倾向较大的低合金高强度钢，可有效地避免冷裂纹的产生。

④正确地选择焊接工艺参数，采取预热、缓冷、后热以及焊后热处理等工艺措施，以改善焊缝及热影响区的组织、去氢和消除焊接应力。

⑤改善结构的应力状态，降低焊接应力等。

8.1.3.7 气孔

焊接时，熔池中的气泡在凝固时未能及时逸出而残留下来所形成的空穴叫作气孔。产生气孔的气体主要有氢气、氮气和一氧化碳。气孔有球形、条虫状和针状等多种形状。气孔有时是单个分布的，有时是密集分布的，也有连续分布的，如图 8-10（a）、（b）所示。

气孔有时在焊缝内部，有时暴露在焊缝外部，如图 8-10（c）、（d）所示。气孔的存在会削弱焊缝的有效工作断面，造成应力集中，降低焊缝金属的强度和塑性，尤其是冲击韧度和疲劳强度降低得更为显著。

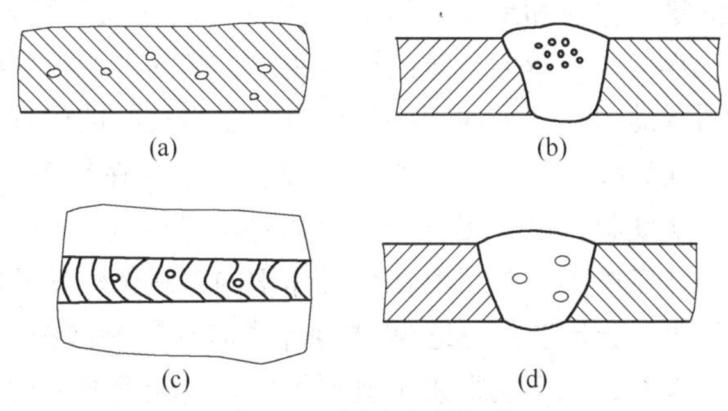

图 8-10　焊缝中的气孔
（a）连续气孔；（b）密集气孔；（c）外部气孔；（d）内部气孔

（1）气孔产生的原因。焊接时，高温的熔池内存在着各种气体，一部分是能溶解于液态金属中的氢气和氮气。氢和氮在液、固态焊缝金属中的溶解度差别很大，高温液态金属中的溶解度大，固态焊缝中的溶解度小。另一部分是冶金反应产生的不溶于液态金属的一氧化碳等。焊缝结晶时，由于溶解度突变，熔池中就有一部分超过固态溶解度的“多余的”氢、氮。这些“多余的”氢、氮与不溶解于熔池的一氧化碳就要从液体金属中析出形成气泡上浮，由于焊接熔池结晶速度快，气泡来不及逸出就残留在焊缝中形成了气孔。

1）氢气孔。焊接低碳钢和低合金钢时，氢气孔主要产生在焊缝的表面，断面为螺钉状，从焊缝的表面上看呈喇叭口形，气孔的内壁光滑。有时氢气孔也会出现在焊缝的内部，呈小圆球状。焊接铝、镁等有色金属时，氢气孔主要产生在焊缝的内部。

2）氮气孔。氮气孔大多产生在焊缝表面，且成堆出现，呈蜂窝状。一般产生氮气孔的机会较少，只有在熔池保护条件较差，较多的空气侵入熔池时才会产生。

3）一氧化碳气孔。焊接熔池中产生氧化碳的途径有两个：一个是碳被空气中的氧直接氧化而成；另一个是碳与熔池中 FeO 反应生成。一氧化碳气孔主要产生在碳钢的焊接中，这类气孔在多数情况下存在于焊缝的内部，气孔沿结晶方向分布，呈条虫状、表面光滑。

（2）防止气孔的措施：

1）焊前将焊丝和焊接坡口及其两侧 20~30mm 范围内的焊件表面清理干净。

2）焊条和焊剂按规定进行烘干，不得使用药皮开裂、剥落、变质、偏心或焊芯锈蚀的焊条；气体保护焊时，保护气体纯度应符合要求，并注意防风。

3）选择合适的焊接工艺参数。

4）碱性焊条施焊时应采用短弧焊，并采用直流反接。

5）若发现焊条偏心要及时调整焊条角度或更换焊条。

8.1.3.8　夹渣

夹渣是指焊后残留在焊缝中的熔渣，如图 8-11 所示。

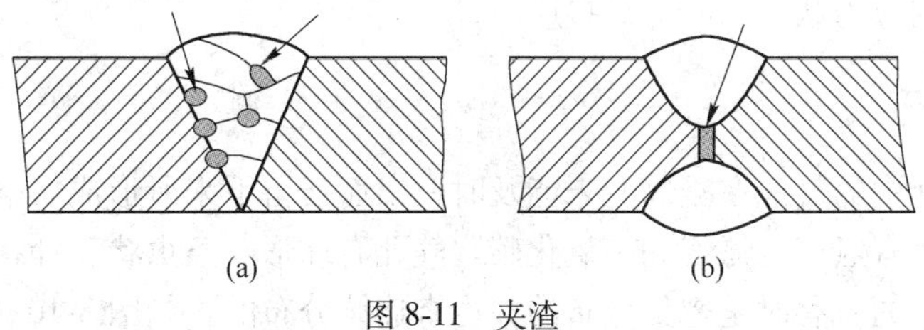

图 8-11　夹渣
（a）单面焊缝；（b）双面焊缝

夹渣削弱了焊缝的有效断面，降低了焊缝的力学性能，还会引起应力集中，易使焊接结构在承载时遭受破坏。

（1）产生夹渣的原因主要是由于焊件边缘及焊道、焊层之间清理不干净；焊接电流太小，焊接速度过大，使熔渣残留下来而来不及浮出；运条角度和运条方法不当，使熔渣和铁液分离不清，以致阻碍了熔渣上浮等。

（2）防止措施：采用具有良好工艺性能的焊条；选择适当的焊接工艺参数；焊前、焊间要做好清理工作，清除残留的锈皮和熔渣；操作过程中注意熔渣的流动方向，调整焊条角度和运条方法，特别是在采用酸性焊条时，必须使熔渣在熔池的后面，若熔渣流到熔池的前面，就很容易产生夹渣等。

8.1.3.9 未焊透

未焊透是焊接时接头根部未完全熔透的现象，对于对接焊缝也指焊缝厚度未达到设计要求的现象，如图 8-12 所示。根据未焊透产生的部位，可分为根部未焊透、边缘未焊透、中间未焊透和层间未焊透等。

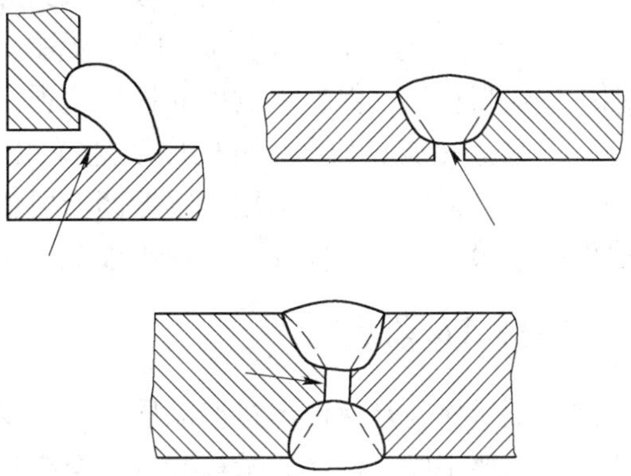

图 8-12 未焊透

未焊透是一种比较严重的焊接缺陷，它使焊缝的强度降低，引起应力集中。因此重要的焊接接头不允许存在未焊透。

（1）产生未焊透的原因。主要是由于焊接坡口钝边过大，坡口角度太小，装配间隙太小；焊接电流过小，焊接速度太快，使熔深浅，边缘未充分熔化；焊条角度不正确，电弧偏吹，使电弧热量偏于焊件一侧；层间或母材边缘的铁锈或氧化皮及油污等未清理干净。

（2）防止措施：正确选用坡口形式及尺寸，保证装配间隙；正确选用焊接电流和焊接速度；认真操作，防止焊偏，注意调整焊条角度，使熔化金属与基本金属充分熔合。

8.1.3.10 未熔合

未熔合是指熔焊时焊道与母材之间或焊道与焊道之间未完全熔化结合的部分，如图 8-13 所示。对于电阻点焊，母材与母材之间未完全熔化结合的部分，也称为未熔合。

未熔合直接降低了接头的力学性能，严重的未熔合会使焊接结构无法承载。

（1）产生未熔合的原因主要是由于焊接热输入太低；焊条、焊丝或焊炬火焰偏于坡口一侧，使母材或前一层焊缝金属未得到充分熔化就被填充金属覆盖；坡口及层间清理不干净；单面焊双面成型焊接时第一层的电弧燃烧时间短等。

（2）防止措施：焊条、焊丝和焊炬的角度要合适，运条摆动应适当，要注意观察坡口两侧熔化情况；选用稍大的焊接电流和火焰能率，焊速不宜过快，使热量增加足以熔化母材或前一层焊缝金属；发生电弧偏吹应及时调整角度，使电弧对准熔池；加强坡口及层间清理。

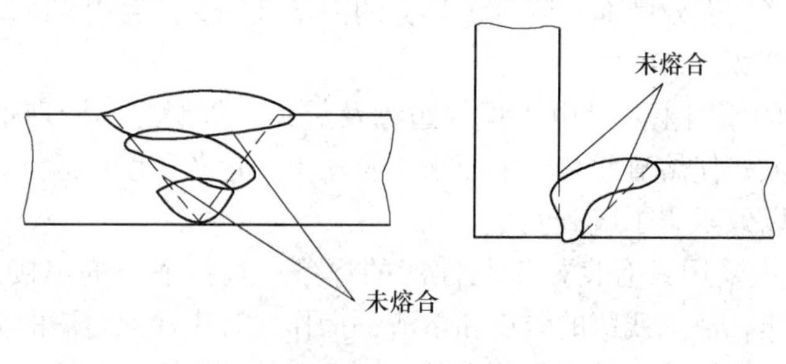

图 8-13　未熔合

8.1.3.11　夹钨

钨极惰性气体保护焊时，由钨极进入到焊缝中的钨粒称为夹钨。

（1）产生夹钨的原因主要是由于当焊接电流过大或钨极直径太小时，使钨极端部强烈地熔化烧损；氩气保护不良引起钨极烧损；炽热的钨极触及熔池或焊丝产生飞溅等。

（2）防止措施：根据工件的厚度选择相应的焊接电流和钨极直径；使用符合标准要求纯度的氩气；施焊时，采用高频振荡器引弧，在不妨碍操作情况下，尽量采用短弧，以增强保护效果；操作要仔细，不使钨极触及熔池或焊丝产生飞溅；经常修磨钨极端部。

8.2　焊接质量检验

焊接质量检验是保证焊接产品质量的重要措施，是及时发现、消除缺陷并防止缺陷重复出现的重要手段。焊接质量检验自始至终贯穿于焊接结构的制造过程中。

8.2.1　焊接质量检验的过程和分类

焊接质量检验过程由焊前检验、焊接过程中的检验和焊后成品检验三个阶段组成。完整的焊接质量检验能保证不合格的原材料不投产，不合格的零件不组装，不合格的组装不焊接，不合格的焊缝必返修，不合格的产品不出厂，层层把住质量关。

8.2.1.1　焊前检验

焊前检验是焊接质量检验的第一个阶段，包括检验焊接产品图样和焊接工艺规程等技术文件是否齐备；检验母材及焊条、焊丝、焊剂、保护气体等焊接材料是否符合设计及工艺规程的要求；检验焊接坡口的加工质量和焊接接头的装配质量是否符合图样要求；检验焊接设备及其辅助工具是否完好，检验焊工是否具有上岗资格等内容。焊前检验的目的是预先防止和减少焊接时产生缺陷的可能性。

8.2.1.2　焊接过程中的检验

焊接过程中的检验是焊接质量检验的第二个阶段，它包括检验在焊接过程中焊接设备的运行情况是否正常、焊接工艺参数是否正确；焊接夹具在焊接过程中的夹紧情况是否牢固以及多层焊过程中对夹渣、气孔、未焊透等缺陷的自检等。焊接过程中检验的目的是防止缺陷的形成和及时发现缺陷。

8.2.1.3 焊后成品检验

焊后成品检验是焊接质量检验的最后阶段，它通常在全部焊接工作完毕（包括焊后热处理），将焊缝清理干净后进行。

焊接检验的方法很多，可分为无损检验和破坏性检验两类。通常所指的焊接质量检验主要是指焊后成品检验。至于具体产品检验方法的选用，应根据产品的使用条件和图样的技术要求进行。

8.2.2 无损检验

无损检验是指不损坏被检查材料或成品的性能和完整性而检测缺陷的方法。它包括外观检验、密封性检验、耐压试验、无损探伤（渗透探伤、磁粉探伤、超声波探伤、射线探伤）等。

8.2.2.1 外观检验

外观检验是一种简便而又实用的检验方法。它是用肉眼或借助于标准样板、焊缝检验尺、量具或用低倍（5倍）放大镜观察焊件，以发现焊缝表面缺陷的方法。外观检验的主要目的是为了发现焊接接头的表面缺陷，如焊缝的表面气孔、表面裂纹、咬边、焊瘤、烧穿及焊缝尺寸偏差、焊缝成型等。检验前须将焊缝附近10~20mm内的飞溅和污物清除干净。焊缝检验尺用法举例如图8-14所示。

8.2.2.2 密封性检验

密封性检验是用来检查有无漏水、漏气和渗油、漏油等现象的试验。密封性检验的方法很多，常用的方法有气密性检验、煤油试验等。主要用来检验焊接管道、盛器、密闭容器上焊缝或接头是否存在不致密缺陷等。

（1）气密性检验。常用的气密性检验是将远低于容器工作压力的压缩空气压入容器，利用容器内外气体的压力差来检查有无泄漏。检验时，在焊缝外表面涂上肥皂水，当焊接接头有穿透性缺陷时，气体就会逸出，肥皂水就有气泡出现而显示缺陷。这种检验方法常用于受压容器接管、加强圈的焊缝。若在被试容器中通入含1%（体积分数）氨气的混合气体来代替压缩空气效果更好。这时应在容器的外壁焊缝表面贴上一条比焊缝略宽、用含5%硝酸汞的水溶液浸过的纸带。若焊缝或热影响区有泄漏，氨气就会透过这些地方与硝酸汞溶液起化学反应，使该处试验纸呈现出黑色斑纹，从而显示出缺陷所在。这种方法比较准确、迅速，同时可在低温下检查焊缝的密封性。

（2）煤油试验。在焊缝表面（包括热影响区部分）涂上石灰水溶液，干燥后便呈白色。再在焊缝的另一面涂上煤油，由于煤油渗透力较强，当焊缝及热影响区存在贯穿性缺陷时，煤油就能透过去，使涂有石灰水的一面显示出明显的油斑，从而显示缺陷所在。

煤油试验的持续时间与焊件板厚、缺陷大小及煤油量有关，一般为15~20min，如果在规定时间内焊缝表面未显现油斑，可认为焊缝密封性合格。

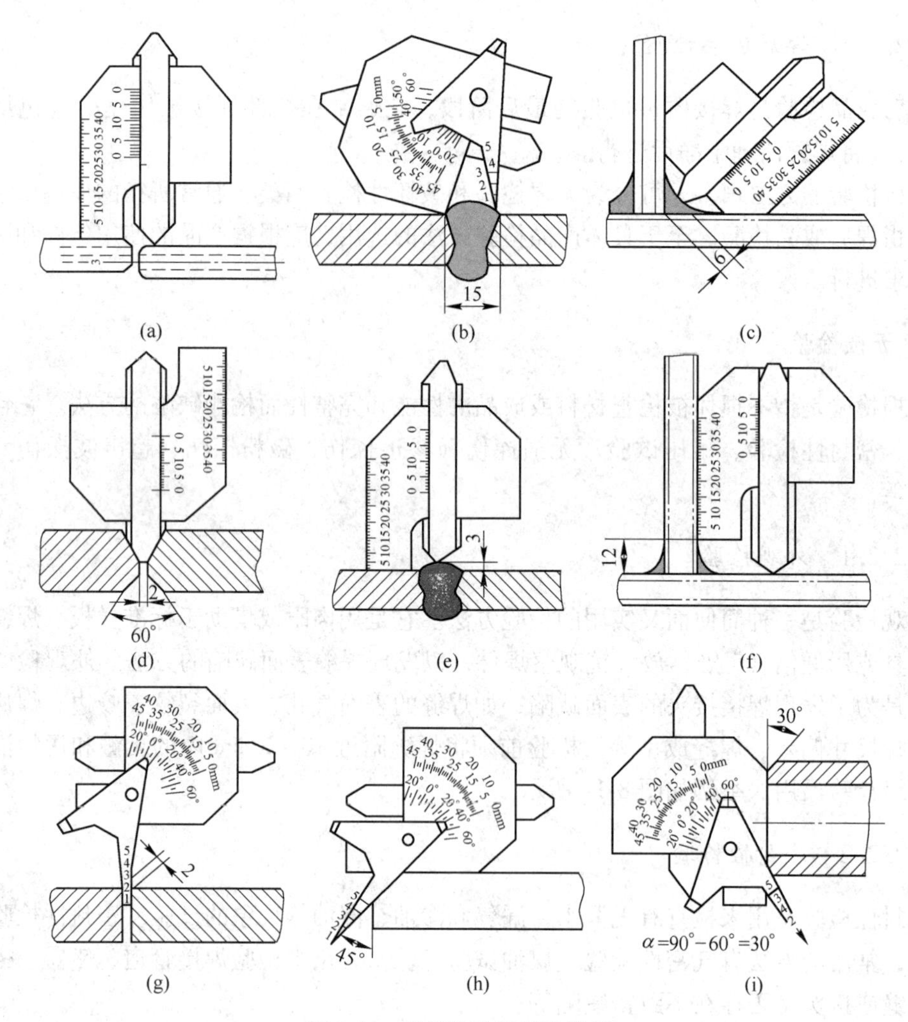

图 8-14 焊缝检验尺用法举例

（a）测量错边；（b）测量焊缝宽度；（c）测量角焊缝厚度；（d）测量双 Y 形坡口角度；（e）测量焊缝余高；（f）测量角焊缝焊脚；（g）测量焊缝间隙；（h）测量坡口角度；（i）测量管道坡口角度

8.2.2.3 耐压检验

耐压检验是将水、油、气等充入容器内慢慢加压，以检查其泄漏、耐压、破坏等的试验。常用的耐压试验有水压试验、气压试验。

（1）水压试验。水压试验主要用来对锅炉、压力容器和管道的整体致密性和强度进行检验。

试验时，将容器注满水，密封各接管及开孔，并用试压泵向容器内加压，如图 8-15 所示。

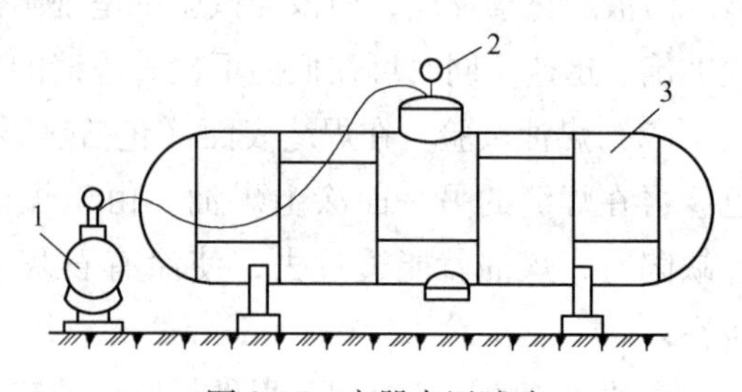

图 8-15 容器水压试验

试验压力一般为产品工作压力的 1.25～

1.5倍，试验温度一般高于5℃（低碳钢）。在升压过程中，应按规定逐级上升，中间作短暂停压，当压力达到试验压力后，应恒压定时间，一般为10~30min，随后再将压力缓慢降至产品的工作压力。这时在沿焊缝边缘15~20m的地方用圆头小锤轻击检查，当发现焊缝有水珠、水雾或有潮湿现象时，应标记出来，待容器卸压后作返修处理，直至产品水压试验合格为止。

（2）气压试验。气压试验和水压试验一样，是检验在压力下工作的焊接容器和管道的焊缝致密性和强度。气压试验比水压试验更为灵敏和迅速，但气压试验的危险性比水压试验大。试验时，先将气体（常用压缩空气）加压至试验压力的10%，保持510min，并将肥皂水涂至焊缝上进行初次检查。如无泄漏，继续升压至试验压力的50%，其后按10%的级差升压至试验压力并保持10~30min，然后再降到工作压力，至少保持30min并进行检验，直至合格。

由于气体须经较大的压缩比才能达到一定的高压，如果一定高压的气体突然降压其体积将突然膨胀，释放出来的能量是很大的。若这种情况出现在进行气压试验的容器上，实际上就是出现了非正常的爆破，后果是不堪设想的。因此，气压试验时必须严格遵守安全技术操作规程。

8.2.2.4 无损探伤

无损探伤是检验焊缝质量的有效方法，主要包括渗透探伤、磁粉探伤、射线探伤、超声波探伤等。其中射线探伤、超声波探伤适合于焊缝内部缺陷的检验，渗透探伤、磁粉探伤则适合于焊缝表面缺陷的检验。无损探伤已在重要的焊接结构中得到了广泛使用。

（1）渗透探伤。渗透探伤是利用带有荧光染料（荧光法）或红色染料（着色法）的渗透剂的渗透作用，显示缺陷痕迹的无损检验法，它可用来检验铁磁性和非铁磁性材料的表面缺陷，但多用作非铁磁性材料焊件的检验。渗透探伤有荧光探伤和着色探伤两种方法。

1）荧光探伤。检验时，先将被检验的焊件浸渍在具有很强渗透能力的有荧光粉的油液中，使油液能渗入细微的表面缺陷，然后将焊件表面清除干净，再撒上显像粉（MgO）。此时，在暗室内的紫外线照射下，残留在表面缺陷内的荧光液就会发光（显像粉本身不发光，可增强荧光液发光），从而显示缺陷的痕迹。荧光探伤示意图如图8-16所示。

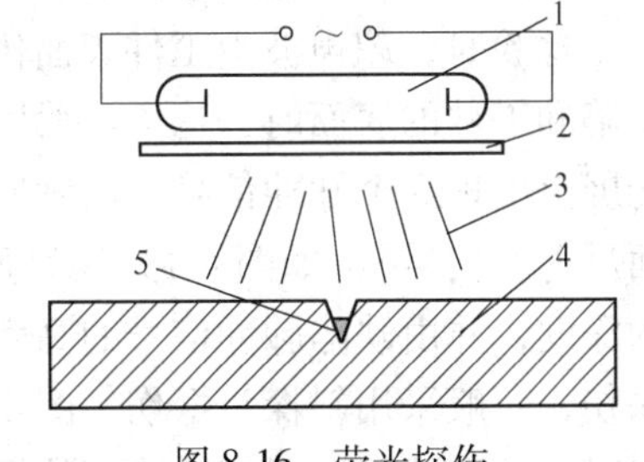

图8-16 荧光探伤

1—紫外线光源；2—滤光板；3—紫外线；4—被检验焊件；5—充满荧光物质的缺陷

2）着色探伤。着色探伤的原理与荧光探伤相似，不同之处只是着色探伤是用着色剂来取代荧光液而显现缺陷。

检验时，将擦干净的焊件表面涂上一层红色的流动性和渗透性良好的着色剂，使其渗入到焊缝表面的细微缺陷中，随后将焊件表面擦净并涂以显像粉，浸入缺陷的着色剂遇到显像粉，便会显现出缺陷的痕迹，从而确定缺陷的位置和形状。着色探伤的灵敏度较荧光探伤高，操作也较方便。

（2）磁粉探伤。磁粉探伤是利用在强磁场中，铁磁性材料表面缺陷产生的漏磁场吸附磁粉的现象进行无损检验的方法。磁粉探伤仅适用于检验铁磁性材料的表面和近表面缺陷。

检验时，首先将焊缝两侧充磁，焊缝中有磁感应线通过。若焊缝中没有缺陷，材料分布均匀，磁感应线的分布是均匀的；当焊缝中有气孔、夹渣、裂纹等缺陷时，磁感应线会因各段磁阻不同而产生弯曲，磁感应线将绕过磁阻较大的缺陷。如果缺陷位于焊缝表面或接近表面，则磁感应线不仅在焊缝内部弯曲，而且将穿过焊缝表面形成漏磁，在缺陷两端形成新的S极、N极，产生漏磁场，如图8-17所示。当焊缝表面撒有磁性粉末时，漏磁场就会吸引磁粉，在有缺陷的地方形成磁粉堆积，探伤时就可根据磁粉堆积的图形情况等来判断缺陷的形状、大小和位置。磁粉探伤时，磁感应线的方向与缺陷的相对位置十分重要。如果缺陷长度方向与磁感应线平行，则缺陷不易显露；如果磁感应线方向与缺陷长度方向垂直时，则缺陷最易显露。因此，磁粉探伤时，必须从两个以上不同的方向进行充磁检测。

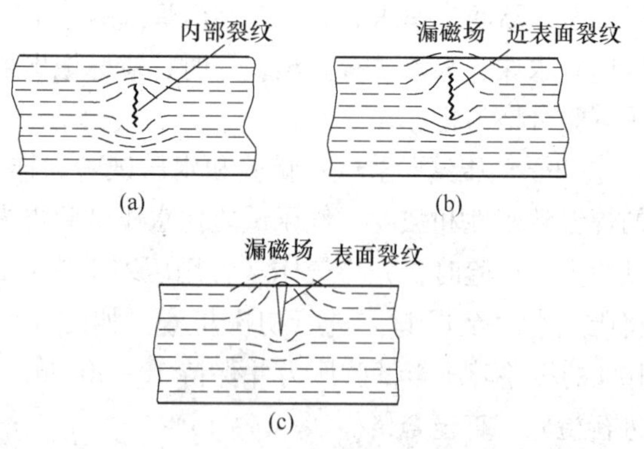

图8-17　焊缝中有缺陷时产生漏磁的情况

（a）内部裂纹；（b）近表面裂纹；（c）表面裂纹

磁粉探伤有干法和湿法两种。干法是当焊缝充磁后，在焊缝处撒上干燥的磁粉；湿法则是在充磁的焊缝表面涂上磁粉的混浊液。

（3）超声波探伤。利用超声波探测材料内部缺陷的无损检验法称超声波探伤。它是利用超声波（即频率超过20kHz，人耳听不见的高频率声波）在金属内部直线传播时，遇到两种介质的界面会发生反射和折射的原理来检验焊缝缺陷的。

检验时，超声波由工件表面传入，并在工件内部传播。超声波在遇到工件表面、内部缺陷和工件的底面时，均会反射回到探头，由探头将超声波转变成电信号，并在示波器荧光屏上出现3个脉冲信号：始脉冲（工件表面反射波信号）、缺陷脉冲、底脉冲（工件底面反射波信号），如图8-18（a）所示。由缺陷脉冲与始脉冲及底脉冲间的距离可知缺陷的深度，并由缺陷脉冲信号的高度可确定缺陷的大小。由于焊缝表面不平，不能用直探头探伤，一般采用斜探头探伤。图8-18（b）所示是用斜探头探伤的原理图，当探头在M位置时，超声波没有遇到缺陷，传播到工件底面K处后，引起反射，但不能反射回来，探头接收不到反射波，所以荧光屏上，只有始脉冲a，但探头移到N处后，超声波碰到缺陷c就被反射回来，探头接收后，在荧光屏上就出现缺陷脉冲c。

超声波探伤具有灵敏度高，操作灵活方便，探伤周期短、成本低、安全等优点。缺点是要求焊件表面粗糙度低（光滑），对缺陷性质的辨别能力差，且没有直观性，较难测量缺陷真实尺寸，判断不够准确，对操作人员要求较高。

（4）射线探伤。射线探伤是采用X射线或γ射线照射焊接接头，检查内部缺陷的一种无损检测法。它可以显示出缺陷在焊缝内部的种类、形状、位置和大小，并可作永久记录。目前X射线探伤应用较多，一般只应用在重要焊接结构上。

1）射线探伤的原理。利用射线透过物体并使照相底片感光的性能来进行焊接检验。

当射线通过被检验焊缝时，在缺陷处和无缺陷处被吸收的程度不同，使得射线透过接头后射线强度的衰减有明显差异，在胶片上相应部位的感光程度也不一样。图 8-19 所示为 X 射线探伤的示意图，当射线通过缺陷时，由于被吸收较少，穿出缺陷的射线强度大（>J），对软片（底片）感光较强，冲洗后的底片在缺陷处颜色就较深。无缺陷处则底片感光较弱，冲洗后颜色较淡。通过对底片上影像的观察、分析，便能发现焊缝内有无缺陷及缺陷的种类、大小与分布。

焊缝在进行射线检验之前，必须进行表面检查，表面上存在的不规则程度应不妨碍对底片上缺陷的辨认，否则应加以整修。

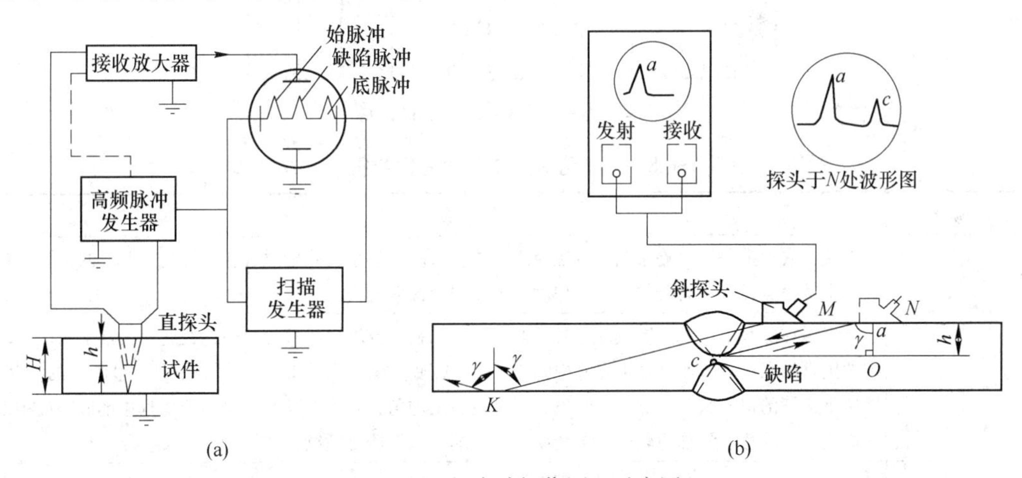

图 8-18　超声波探伤原理示意图

（a）直探头探伤原理；（b）斜探头探伤原理

2）射线探伤时缺陷的识别与评定。用 X 射线和 γ 射线对焊缝进行检验，一般只应用在重要结构上。这种检验由专业人员进行，但作为焊工应具备一定的评定焊缝底片的知识，以及能够正确判定缺陷的种类和部位，做好返修工作。经射线照射后，在底片上一条淡色影像即是焊缝，在焊缝部位中显示的深色条纹或斑点就是焊接缺陷，其尺寸、形状与焊缝内部实际存在的缺陷相当。图 8-20 所示为几种常见焊接缺陷在底片中显示的典型影像。表 8-1 为常见焊接缺陷的影像特征。

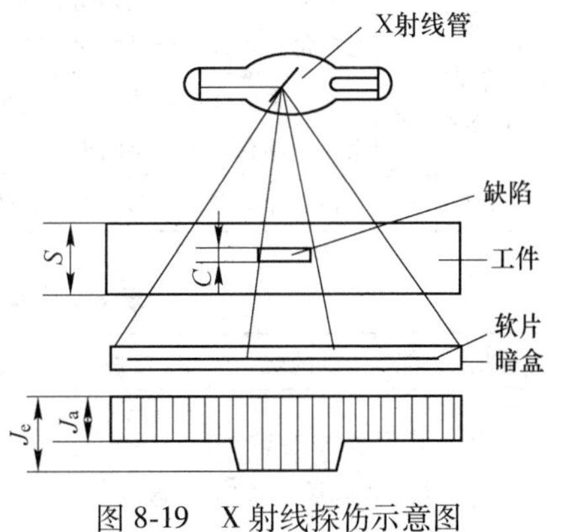

图 8-19　X 射线探伤示意图

射线探伤焊缝质量的评定，可按国家标准 GB 3323—87 的规定进行。按此标准，焊缝质量分为四级：Ⅰ级焊缝内不应有裂纹、未熔合、未焊透、条状夹渣；Ⅱ级焊缝内不应有裂纹、未熔合、未焊透；Ⅲ级焊缝内不应有裂纹、未熔合及双面焊和加垫板的单面焊中的未焊透，不加垫板的单面焊中的未焊透允许长度与条状夹渣Ⅲ级评定长度相同。焊缝缺陷超过Ⅲ级者为Ⅳ级。同时，在标准中，将缺陷长宽比小于或等于 3 的缺陷定义为圆形缺陷，包括气孔、夹渣和夹钨。圆形缺陷用评定区进行评定，将缺陷换算成计算点数，再按点数确定缺陷分级，评定区应选在缺陷最严重的部位。将焊缝缺陷长宽比大于 3 的夹渣定义为条状夹渣，圆形缺陷分级和条状夹渣分级详见国标 GB 3323—87。表 8-2 对常用无损探伤检验方法进行了对比。

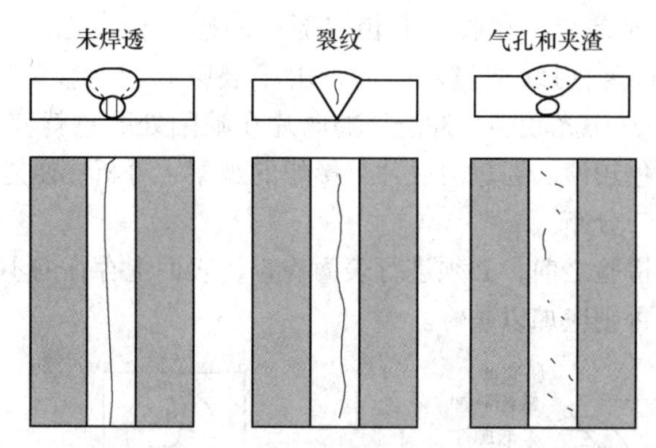

图 8-20　底片中焊接缺陷的影像

表 8-1　常见焊接缺陷的影像特征

焊接缺陷	缺陷影像特征
裂纹	裂纹在底片上一般呈略带曲折的黑色细条纹，有时也呈现直线细纹，轮廓较为分明，两端较为尖细，中部稍宽，很少有分枝，两端黑度逐渐变浅，最后消失
未焊透	未焊透在底片上是一条断续或连续的黑色直线。在不开坡口对接焊缝中，在底片上常是宽度较均匀的黑直线状；V 形坡口对接焊缝中的未焊透，在底片上位置多是偏离焊缝中心、呈断续的线状，即使是连续的也不太长，宽度不一致，黑度也不太均匀；V 形、双 V 形坡口双面焊中的底部或中部未焊透，在底片上呈黑色较规则的线状；角焊缝的未焊透呈断续线状
气孔	气孔在底片上多呈现为圆形或椭圆形黑点，其密度一般是中心处较大，向边缘处逐渐减小；黑点分布不一致，有密集的，也有单个的
夹渣	夹渣在底片上多呈不同形状的点状或条状。点状夹渣量单独黑点，黑度均匀，外形不太规则，带有棱角；条状夹渣呈宽而短的粗线条状；长条状夹渣的线条较宽，但宽度不一致
未熔合	坡口未熔合在底片上呈一侧平直，另一侧有弯曲，色浅，较均匀，线条较宽，端头不规则的黑色直线常伴有夹渣；层间未熔合影像不规则，且不易分辨
夹钨	在底片上多呈圆形或不规则的亮斑点，轮廓清晰

表 8-2　常用无损探伤检验方法的对比

检验方法	能探出的缺陷	可检验的厚度	灵敏度	判断方法	备注
渗透探伤	贯穿表面的缺陷（如微细裂纹、气孔等）	表面	宽度小于 0.01mm、深度小于 0.04mm 者检查不出	直接根据渗透剂在吸附显像上的分布确定缺陷位置，缺陷深度不能确定	焊接接头表面一般不需加工，有时需打磨加工
磁粉探伤	表面及近表面的缺陷（如细微裂纹、未焊透气孔等），被检验表面与磁场	表面及近表面	比荧光法高；与磁场强度大小及磁粉质量有关	直接根据磁粉分布情况判定缺陷位置。缺陷深度不能确定	（1）焊接接头表面一般不需加工，有时需打磨加工 （2）限于母材及焊缝金属均为铁磁性材料

续表 8-2

检验方法	能探出的缺陷	可检验的厚度	灵敏度	判断方法	备注
超声波探伤	内部缺陷（裂纹、未焊透、气孔等）	焊件厚度上限几乎不受限制，下限一般为 8mm	能探出直径大于 1mm 以上的气孔、夹渣。探裂纹较灵敏。探表面及近表面的缺陷较不灵敏	根据荧光屏上信号的指示，可判断有无缺陷及其位置和大小。判断缺陷的种类较难	检验部位的表面需加工至 $R=12.5\sim3.2\mu m$，可以单面探测
X 射线探伤	内部缺陷（裂纹、气孔、未焊透、夹渣等缺陷）	50kV：0.1~0.6mm 100kV：1.0~5.0mm 150kV：≤25mm 250kV：≤60mm	能检验出尺寸大于焊缝厚度 1%~2% 的缺陷	从照相底片上能直接判断缺陷种类大小和分布，对裂纹不如超声波灵敏度高	焊接接头表面不需加工；正反两个面都必须是可接近的（如无金属飞溅粘连及明显的不平整）

8.2.3 破坏性检验

破坏性检验是从焊件或试件上切取试样，或以产品（或模拟体）的整体破坏做试验，以检查其各种力学性能、抗腐蚀性能等的试验法。它包括力学性能试验、化学分析及试验、金相检验、焊接性试验等。

8.2.3.1 力学性能试验

力学性能试验用于检查焊接材料、焊接接头及焊缝金属的力学性能。常用的有拉伸试验、弯曲试验与压扁试验、冲击试验、硬度试验等。一般是按标准要求，在焊接试件（板、管）上相应位置截取试样毛坯，再加工成标准试样后进行试验。焊接试样的截取位置如图 8-21 所示。

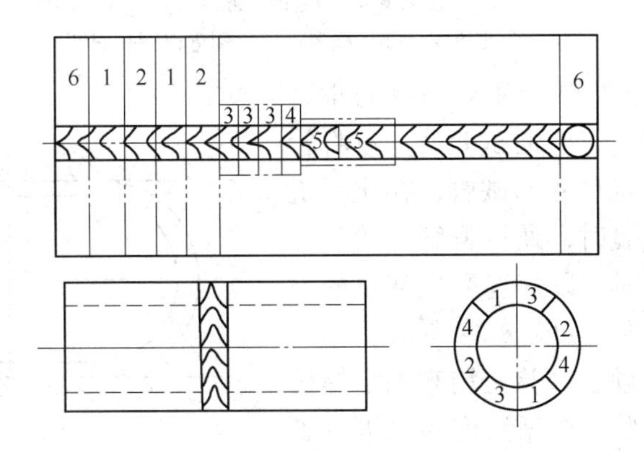

图 8-21 焊接试样的截取位置

1—拉伸；2—弯曲；3—冲击；4—硬度；5—焊缝拉伸；6—舍弃

（1）拉伸试验。拉伸试验是为了测定焊接接头或焊缝金属的抗拉强度、屈服点、伸长率和断面收缩率等力学性能指标。在拉伸试验时，还可以发现试样断口中的某些焊接缺陷。焊缝金属拉伸试样的受试部分应全部取在焊缝中，焊接接头拉伸试样包括母材、焊缝、热影响区三部分。典型的三种焊接拉伸试样如图 8-22 所示。

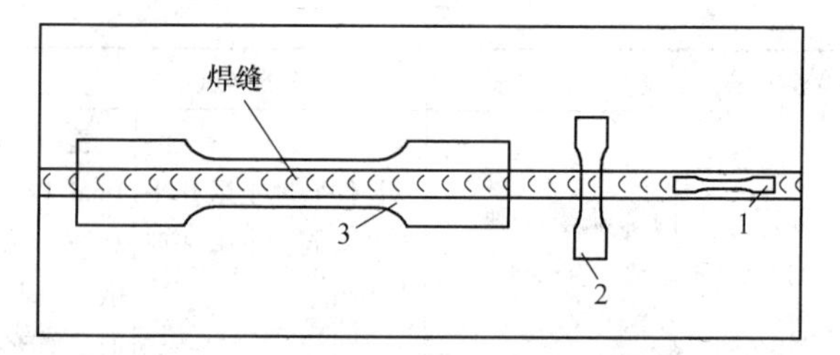

图 8-22　典型的三种焊接拉伸试样

1—焊缝金属拉伸试样；2—接头横向拉伸试样；3—接头纵向拉伸试样

（2）弯曲与压扁试验。

1）弯曲试验。弯曲试验也叫做冷弯试验，是测定焊接接头塑性的一种试验方法。冷弯试验还可反映焊接接头各区域的塑性差别，考核熔合区的熔合质量和暴露焊接缺陷。弯曲试验分横弯、纵弯和侧弯三种，横弯、纵弯又可分为正弯和背弯。背弯易于发现焊缝根部缺陷，侧弯则能检验焊层与焊件之间的结合强度。

弯曲试验是以弯曲角度的大小及产生缺陷的情况作为评定标准的，如锅炉压力容器的冷弯角一般为 50°、90°、100°或 180°，当试样达到规定角度后，试样拉伸面上任何方向最大缺陷长度均不大于 3mm 为合格。弯曲试验的示意图如图 8-23 所示。

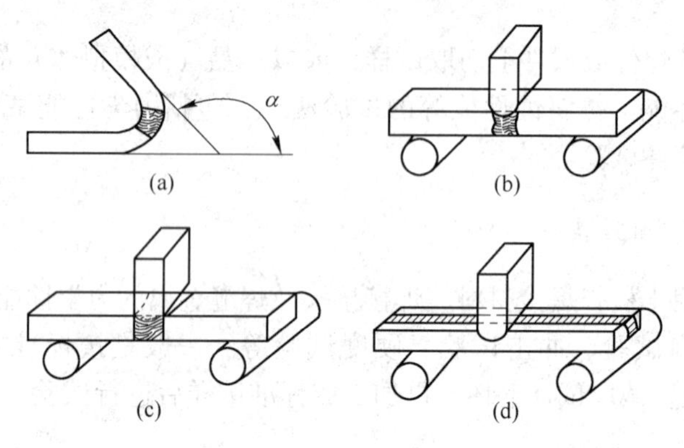

图 8-23　弯曲试验

（a）弯曲角度；（b）横弯；（c）侧弯；（d）纵弯

2）压扁试验。带纵焊缝和环焊缝的小直径管接头，不能取样进行弯曲试验时，可将管子的焊接接头制成一定尺寸的试管，在压力机下进行压扁试验。试验时，通过将管子接头外壁压至一定值（H）时，以焊缝受拉部位的裂纹情况来作为评定标准，如图 8-24 所示。

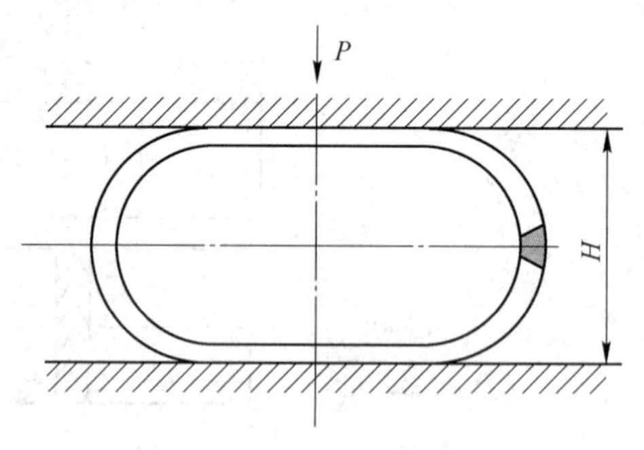

图 8-24　管接头纵缝压扁试验

（3）硬度试验。硬度试验是用来测定焊接接头各部位硬度的试验。根据硬度结果可以了解区域偏析和近缝区的淬硬倾向，可作为选用焊接工艺时的参考，常见的测定硬度方法有布氏硬度法（HB）、洛氏硬度法（HR）和维氏硬度法（HV）。

（4）冲击试验。冲击试验是用来测定焊接接头和焊缝金属在受冲击载荷时，不被破坏的能力（韧性）及脆性转变的温度。冲击试验通常是在一定温度下（如 0℃、−20℃、

-40℃)，把有缺口的冲击试样放在试验机上，测定焊接接头的冲击吸收功。以冲击吸收功值作为评定标准。试样缺口部位可以开在焊缝、熔合区上，也可以开在热影响区上。试样缺口形式有 V 形和 U 形，V 形缺口试样为标准试样。图 8-25 所示为焊接接头的冲击试样。

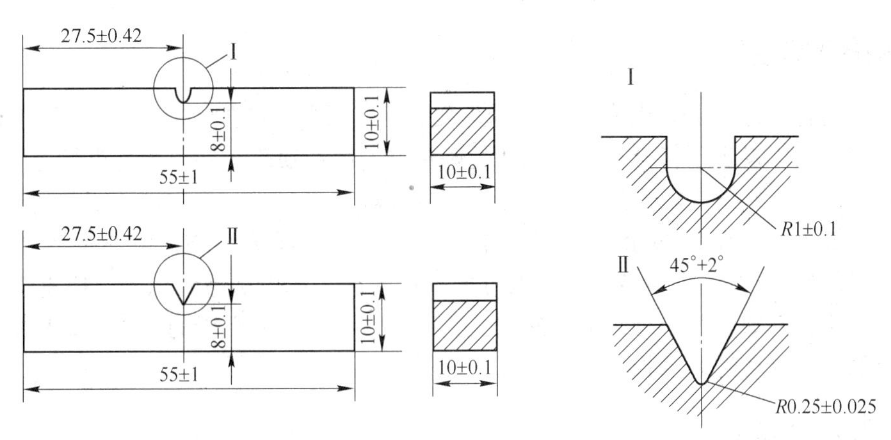

图 8-25 焊接接头的冲击试样

8.2.3.2 化学分析及腐蚀试验

(1) 化学分析。焊缝的化学分析是检查焊缝金属的化学成分。通常用直径为 6mm 的钻头在焊缝中钻取试样，一般常规分析需试样 50~60g。经常被分析的元素有碳锰、硅、硫和磷等。对一些合金钢或不锈钢尚需分析镍、铬、钛、钒、铜等，但需要多取一些试样。

(2) 腐蚀试验。金属受周围介质的化学和电化学作用引起的损坏称为腐蚀。焊缝和焊接接头的腐蚀破坏形式有总体腐蚀、晶间腐蚀、刀状腐蚀、点腐蚀、应力腐蚀、海水腐蚀、气体腐蚀和腐蚀疲劳等。腐蚀试验的目的在于确定在给定的条件下金属抗腐蚀的能力，估计产品的使用寿命，分析腐蚀的原因，找出防止或延缓腐蚀的方法。

腐蚀试验的方法应根据产品对耐腐蚀性能的要求而定。常用的方法有不锈钢晶间腐蚀试验、应力腐蚀试验、腐蚀疲劳试验、大气腐蚀试验、高温腐蚀试验。

8.2.3.3 金相检验

焊接接头的金相检验主要用于检查焊缝、热影响区和母材的金相组织情况及确定内部缺陷等。金相检验分为宏观金相和微观金相两大类。

(1) 宏观金相检验。宏观金相检验是用肉眼或借助低倍放大镜直接进行检查。它包括宏观组织（粗晶）分析（如焊缝一次结晶组织的粗细程度和方向性），熔池形状尺寸，焊接接头各区域的界限和尺寸及各种焊接缺陷，断口分析（如断口组成、裂源及扩展方向、断裂性质等），硫、磷和氧化物的偏析程度等。

宏观金相检验的试样，通常焊缝表面保持原状，而将横断面加工至 $R=3.2\sim1.6$m，经过腐蚀后再进行观察；还常用折断面检查的方法，对焊缝断面进行检查。

(2) 微观金相检验。微观金相检验是用 1000~1500 倍的显微镜来观察焊接接头各区域的显微组织、偏析、缺陷及析出相的状况等的一种金相检验方法。根据分析检验结果，可确定焊接材料、焊接方法和工艺参数等是否合理。微观金相检验还可以用更先进的设备，如电子显微镜、X射线衍射仪、电子探针等分别对组织形态、析出相和夹杂物进行分析，以及对断口、废品和事故、化学成分等进行分析。

8.3　焊接缺陷返修

到目前为止，世界上尚未有任何一种焊接方法、焊接工艺能做到完全不产生焊接缺陷。若焊接接头中发现不符合技术要求或检验标准的超标缺陷，就要对其进行返修。所谓返修就是为修补工件的缺陷而进行的焊接，也称补焊。

对于焊缝表面缺陷，如余高过大、焊缝高低不一、宽窄不均、较浅的咬边（小于0.5mm）、焊缝与母材过渡不良等，一般可采用打磨加工或电弧整形（如TG重熔）等方法解决。对于内部缺陷就必须采取特殊的工艺措施来进行。通常指的返修主要是指对无损探伤超标的内部焊接缺陷的焊补。

8.3.1　返修前的准备

（1）根据无损探伤（主要是X射线探伤）的结果，正确确定焊接缺陷种类、位置、数量等，并分析其产生原因。

（2）根据缺陷的性质及产生原因，制定有效的返修工艺。返修工艺包括缺陷清除，坡口的制备；补焊方法的选择；焊接材料的选用；预热、后热及道间温度的控制；焊后热处理工艺参数；补焊顺序及焊接工艺参数、焊接质量检验方法及合格标准的确定等内容。

8.3.2　返修工艺

8.3.2.1　清除缺陷、制备坡口

清除缺陷、制备坡口的常用方法是用碳弧气刨或手工砂轮等进行。坡口的形状、尺寸主要取决于缺陷尺寸、性质及分布特点。所挖坡口的角度或深度应越小越好，只要将缺陷清除且便于操作即可。一般缺陷靠近哪侧就在哪侧清除，如缺陷较深，清除到板厚的2/3时还未清除，则应先在清除处补焊，然后再在另一面清除至补焊金属后再补焊。如缺陷有数处，且相互位置较近，深浅相差不大，为了不使两坡口中间金属受到返修焊应力与应变过程影响，宜将这些缺陷连接起来打磨成一个深浅均匀一致的大坡口；反之，若缺陷之间距离较远，深浅相差较大，一般按各自的状况开坡口逐个焊接。如果材料脆性大、焊接性差，打磨坡口前还应在裂纹两端钻止裂孔，以防止在制备坡口和焊接过程中裂纹扩展，如图8-26所示。此外，对于抗裂性差或淬硬倾向严重的钢碳，弧气刨前应预热，清除缺陷后还要用砂轮打磨掉碳弧气刨造成的铜斑、渗碳层、淬硬层等，直至露出金属光泽。坡口制备后，应用肉眼、放大镜或磁粉探伤、着色探伤进行检验，确保坡口面无裂纹（新裂纹、老裂纹）等缺陷存在。

8.3.2.2　焊接方法与焊接材料的选择

焊缝返修一般采用焊条电弧焊进行，这是由焊条电弧焊操作方便、位置适应性强等特

点决定的。但若坡口宽窄深浅基本一致、尺寸较长，并可处于平焊或环焊位置时，也可采用埋弧焊来返修。当采用焊条电弧焊返修时，对原焊条电弧焊焊缝，一般选用原焊缝焊接所用焊条；对原埋弧焊焊缝，一般采用与母材相适应的焊条。但是，若返修部位刚度大、坡口深、焊接条件恶劣时，尽管原焊缝采用的是酸性焊条，此时则仍需选用同一级别的碱性焊条。当采用埋弧焊返修时，一般选用与原工艺相同的焊丝和焊剂。采用钨极氩弧焊返修时，填充焊丝一般为与母材相类似的材料，该方法一般用于补焊打底。

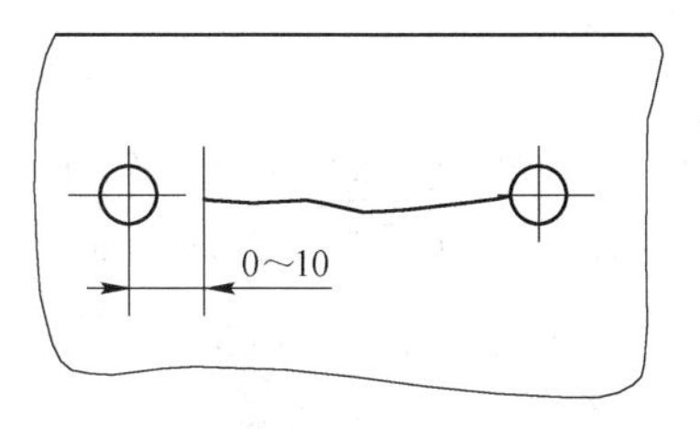

图 8-26 裂纹两端钻止裂孔

8.3.2.3 返修工艺措施

焊缝返修应控制焊接热输入，并采用合理的焊接顺序等工艺措施来保证质量。

（1）采用小规格直径、小电流等小的焊接规范焊接，降低返修部位塑性储备的消耗。

（2）采用窄焊道、短段，多层多道，分段跳焊等焊接方法，减小焊接应力与变形，但每层接头要尽量错开。

（3）每焊完一道后须清除尽熔渣，填满弧坑，并把电弧后引再熄灭，起附加热处理作用，并立即用带圆角的尖头小锤捶击焊缝，以松弛应力。但打底焊缝和盖面焊缝不宜捶击，以免引起根部裂纹和表面加工硬化。

（4）加焊回火焊道，但焊后需磨去多余金属，使之与母材圆滑过渡，或采用 TG 焊重熔法。回火焊道如图 8-27 所示。

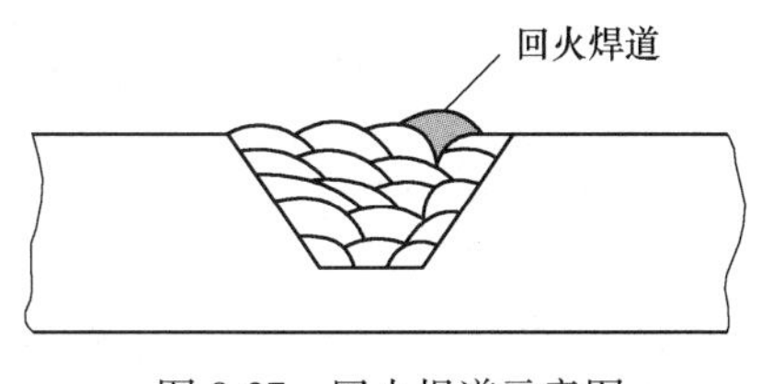

图 8-27 回火焊道示意图

（5）凡须预热的材料，预热温度要较原焊缝提高 50℃左右，并且其道间温度不应低于预热温度，否则，需加热到要求温度后方可焊接。

（6）要求焊后热处理的锅炉、压力容器应在热处理前返修；否则，返修后应重新进行热处理。

（7）同一部位的焊缝返修次数一般不超过 3 次。

8.3.2.4 检验

返修完后，应修磨返修焊缝使之与母材圆滑过渡，然后按原焊缝要求进行同样内容的检验（如外观、无损探伤等）。验收标准不得低于原焊缝标准，检验合格后，方可进行下道工序；否则，应重新返修，在允许次数内直至合格为止。

复习思考题

（1）常见的焊接缺陷有哪些？

（2）什么是外观检验？其主要目的是什么？

（3）什么是无损探伤？它包括哪些检验方法？

参 考 文 献

[1] 孙景荣，王丽华．电焊工［M］．北京：化学工业出版社，2003.
[2] 曲世惠．金属焊接与切割作业［M］．北京：气象出版社，2003.